ROLF JÄGER

DER THEODOLIT IM UNTERRICHT

Mit 53 Abbildungen

SPRINGER FACHMEDIEN WIESBADEN GMBH

Bestell-Nr. 808

Beihefte für den mathematischen Unterricht
herausgegeben von
Studienrat E. v. Hanxleden und Oberstudiendirektor Dr. R. Hentze
Heft 8

ISBN 978-3-322-98118-9 ISBN 978-3-322-98777-8 (eBook)
DOI 10.1007/978-3-322-98777-8

Buchdruckerei R. Borek KG, Braunschweig

Vorwort

Dieses Heft will anschaulich zeigen, wie vielseitig ein Theodolit im Unterricht verwendet werden kann, um das Interesse der Schüler an der angewandten Mathematik zu wecken. Die Darstellungen sind an keine Schulart gebunden, denn die Übungen reichen von einfachen Winkel-, Strecken- und Höhenmessungen als Grundlagen für die Zeichnung einer Karte bis zu astronomischen Beobachtungen, die ein Zurechtfinden auf der Erde ermöglichen.

Aus der Fülle dieser Zusammenstellung mag ein jeder sich das heraussuchen, was gerade interessiert und dem Ausbildungsgrad angepaßt ist. Die Übungen geben Stoff zur rechnerischen oder auch zur zeichnerischen Auswertung, zu deren Durchführung meistens nur ein gesunder Menschenverstand die Voraussetzung ist.

Die Beispiele mit vielen Hinweisen für die praktische Durchführung der Übungen sind so ausgewählt, daß einfache Messungen mit möglichst wenig Zeitaufwand in unmittelbarer Nähe der Schule durchführbar sind. Es wird aber auch auf umfangreiche Übungen hingewiesen, die als Anregungen für den Unterricht in Landschulheimen oder für Arbeitsgemeinschaften gedacht sind.

Der einleitende Überblick über die Aufgaben der Landesvermessung möge veranschaulichen, wie jede der in diesem Heft vereinfacht behandelten Übungen ihren Platz im groß angelegten Vermessungswerk hat.

An Lehrbüchern der Vermessungskunde fehlt es nicht, aber es dürfte für den Lehrer zeitraubend sein, diese Fachliteratur durchzuarbeiten, um die für den Unterricht geeigneten Aufgaben herauszusuchen. Diese Arbeit will das vorliegende Heft abnehmen. Es ist hauptsächlich für die Hand des Unterrichtenden bestimmt, aber auch für interessierte Schüler geschrieben, die an solchen Übungen Freude haben. Wenn dabei gleichzeitig das Augenmerk auf den schönen Beruf des Vermessungsingenieurs gelenkt wird, so ist damit ein weiterer Zweck erfüllt.

Mein Dank gilt an dieser Stelle Herrn Regierungs- und Vermessungsrat *Dense* für die Durchsicht des Manuskriptes und Herrn Prof. Dr. *Pilowski* für seine Anregungen im astronomischen Teil.

Hamburg, im März 1957

Rolf Jäger

Inhaltsverzeichnis

1. Einleitung

Beim Betrachten einer Landkarte wird die Richtigkeit der Darstellung als selbstverständlich hingenommen. Von der erforderlichen Arbeitsleistung, die der Gestaltung eines Kartenwerkes vorausgeht, fehlt meist die Vorstellung; deshalb sollen hier in großen Zügen die wesentlichen Arbeiten einer Landesvermessung zusammengestellt werden. Auf diese Weise erhalten die später erläuterten Meßübungen, die nur im kleinen Rahmen durchgeführt werden können, ihre Beziehung zur großen kulturellen Leistung der Landesvermessung.

Um Teile eines Landes oder ganze Kontinente in einer Karte darstellen zu können, müssen markante Punkte der Erdoberfläche durch geographische Koordinaten (Längengrad und Breitengrad) festgelegt oder in einem orientierten rechtwinkligen Koordinatensystem zueinander in Beziehung gebracht werden. Die Grundlage dazu sind umfangreiche astronomische Messungen.

Die Figur der Erde und ihre Größenausdehnung ist dabei von entscheidender Bedeutung. *Pythagoras* und *Aristoteles* haben die kugelförmige Gestalt der Erde theoretisch begründet. *Eratosthenes* konnte durch Messungen den Umfang eines Meridians errechnen. Durch Verfeinerung der Meßmethoden wurde im Laufe der Jahrhunderte festgestellt, daß die Krümmungen längs eines Meridians nicht gleich sind und die Erde demzufolge keine Kugel ist.

Eine von den Franzosen durchgeführte Gradmessung von 1792 bis 1808 verfolgte nebenbei den Zweck, ein Naturmaß als Längeneinheit festzusetzen. Man wählte hierfür den vierzigmillionsten Teil des Erdumfanges. So entstand das Urmeter, welches noch heute unser allgemein gebräuchliches Längenmaß ist.

Mit verbesserten Meßmethoden wurden in allen Teilen der Erde Messungen durchgeführt, deren Auswertung ergab, daß die Erdfigur näherungsweise einem an den Polen schwach abgeplatteten Rotationsellipsoid gleichkommt.

Beim Vergleich aller Messungen zeigten sich Abweichungen, die nicht allein auf Beobachtungsfehler zurückgeführt werden konnten. Die Ursache der Unstimmigkeiten fand man bei Pendelmessungen, als die gemessenen Lotrichtungen von den theoretisch ermittelten abwichen. Demzufolge wird heute die Erdgestalt als Geoid definiert, dessen Oberfläche in Höhe des Meeresspiegels und in allen Punkten senkrecht zur jeweiligen Lotrichtung (Richtung der Schwerkraft) verläuft.

Für die praktischen Messungen in kleinen Gebieten sind die Unterschiede zwischen Kugel, Rotationsellipsoid und Geoid im allgemeinen ohne Bedeutung, weil der Radius der Erde mit ungefähr 6370 km verhältnismäßig groß ist. Für die Zwecke der Vermessung in kleinen Gebieten bis zu einer Ausdehnung von etwa 55 qkm kann die Erdoberfläche sogar als Ebene angenommen werden. Bei der Vermessung großer Länder dagegen muß die Erdfigur berücksichtigt werden.
Das Gerippe einer Landesvermessung bilden ausgewählte Punkte, deren Lage auf der Erde mit der größtmöglichen Genauigkeit astronomisch bestimmt wird, dazu kommt die richtungsmäßige Festlegung der Verbindungslinie zweier solcher Punkte durch die astronomische Messung des Azimuts. Die bisher erreichbare Genauigkeit beträgt für die geographischen Breiten und Längen sowie für Azimutmessungen etwa ± 0,5″ (Sekunden).

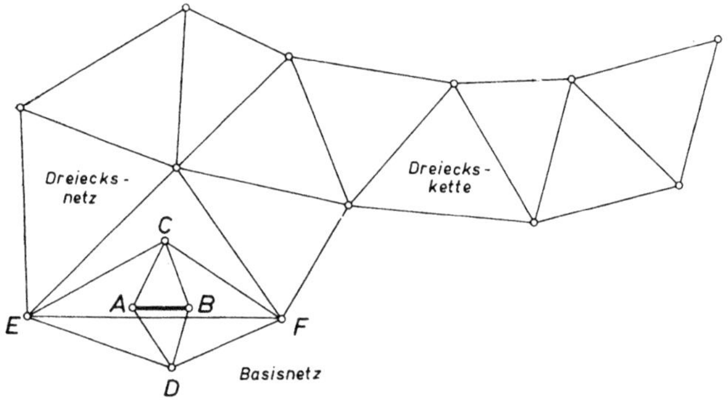

Abb. 1. Triangulation

Werden auf diesen Punkten auch Pendelmessungen zur Bestimmung der Lotrichtung ausgeführt, nennt man sie *Laplace*sche Punkte; diese haben voneinander einen Punktabstand von 80 bis 120 km und bilden sozusagen die Stützpunkte innerhalb der Triangulation I. Ordnung, die sich aus Dreiecksketten oder Dreiecksnetzen mit einem Punktabstand von etwa 20 bis 50 km zusammensetzt. Damit diese trigonometrischen Punkte bei den großen Entfernungen gegenseitig sichtbar sind, werden Signale oder Beobachtungstürme von beachtlicher Höhe errichtet. In den Dreiecksketten oder Dreiecksnetzen werden zunächst nur die Winkel gemessen, denn die Winkelmessung ist gegenüber der Entfernungsmessung verhältnismäßig einfach und vor allem sehr genau durchführbar. Ein Winkel im Dreieck kann mit einer Genauigkeit von ± 0,5″ bestimmt werden. Um die Längen der Dreiecksseiten berechnen zu können, muß mindestens in einem der Dreiecke eine Seite sehr genau gemessen werden, dann läßt sich damit das ganze System von Dreiecken nacheinander durch fortgesetztes Anwenden des Sinussatzes berechnen.

Es würde einen unverhältnismäßig großen Aufwand erfordern, wollte man eine Dreiecksseite von 30 km Länge über Berg und Tal mit der erforderlichen Genauigkeit messen. Aus diesem Grunde wird nur eine kleine Strecke (Basis) von wenigen Kilometern Länge in einem günstig gelegenen Gelände mit einem großen Aufwand an Gerät, Zeit, Personal und Sorgfalt mit einer Genauigkeit von etwa $\pm$ 1 mm bestimmt. Das ist eine beachtliche Leistung, wenn man bedenkt, daß schon die in den Schulen weitverbreiteten Holzlineale von 25 cm Länge mitunter um 1 mm falsche Maße angeben. Eine Vereinfachung der Streckenmessung bahnt sich mit der Erfindung der elektrischen Entfernungsmessung an.

Die Basis wird anschließend durch Winkelmessungen und trigonometrische Rechnungen vergrößert, bis die Länge einer Dreiecksseite *EF* in der Triangulation erreicht wird, wie in Abb. 1 angedeutet.

Wenn die grundlegenden Arbeiten der Triangulation durchgeführt sind, können die Koordinaten aller Punkte der Triangulation I. Ordnung gerechnet werden. Die Anzahl dieser Punkte ist jedoch für die Praxis viel zu gering, deshalb beginnt jetzt erst die Kleinarbeit: Zwischen diese trigonometrischen Punkte I. Ordnung werden weitere Punkte II., III. und IV. Ordnung so weitgehend eingeschaltet, bis auf 1 qkm etwa ein trigonometrischer Punkt entfällt. Diese Arbeit erfolgt zunächst in der gleichen Weise durch Triangulation; wenn jedoch die Punkte dicht genug liegen oder eine Triangulation infolge von Sichthindernissen nicht weitergeführt werden kann, werden sogenannte Polygonzüge eingeschaltet, die sich dem Gelände besser anpassen, indem sie hauptsächlich entlang den Straßen und Wegen geführt werden.

In diesem Fall werden gegenseitig sichtbare Punkte ausgesucht, zwischen denen die Winkel mit dem Theodolit und die Entfernungen von Punkt zu Punkt mit 5 m langen Meßlatten aus Holz, mit Stahlbandmaßen oder optisch gemessen werden. Die trigonometrischen Punkte werden schließlich zum Zwecke der Aufnahme von Grenzen, Bauten, Straßen, Gewässer usw. durch weitere Polygonzüge verbunden, auf deren Seiten die genannten Objekte rechtwinklig aufgemessen werden (orthogonale Methode). Falls notwendig, werden die Polygonseiten durch Messungslinien ergänzt, die allein durch Längenmessungen in vorhandene Polygonseiten eingebunden werden. Eine weitere Möglichkeit besteht darin, von einem Polygonpunkt aus alle sichtbaren Punkte durch Winkelmessung und Entfernungsmessung festzulegen (polare Methode). In neuerer Zeit werden immer häufiger auch photographische Aufnahmen von hohen Erdpunkten oder aus der Luft zur Kartenherstellung herangezogen (Photogrammetrie). Jede Messung von Strecken und Winkeln wird in sogenannte Feldbücher eingetragen, die als Grundlage für die häusliche Weiterbearbeitung, Rechnung und Kartierung, dienen.

Mit diesen Unterlagen lassen sich großmaßstäbliche Karten konstruieren. Auf möglichst klimabeständigem Material, Zeichenkarton mit Aluminiumeinlage oder Kunststoff (Astralon) wird mit Kartiergeräten (Koordinatographen) ein genaues Koordinatennetz gezeichnet, dann werden die gerechneten Koordinaten der trigonometrischen Punkte und Polygonpunkte eingetragen, anschließend beginnt die Kartierung jedes eingemessenen Geländepunktes.

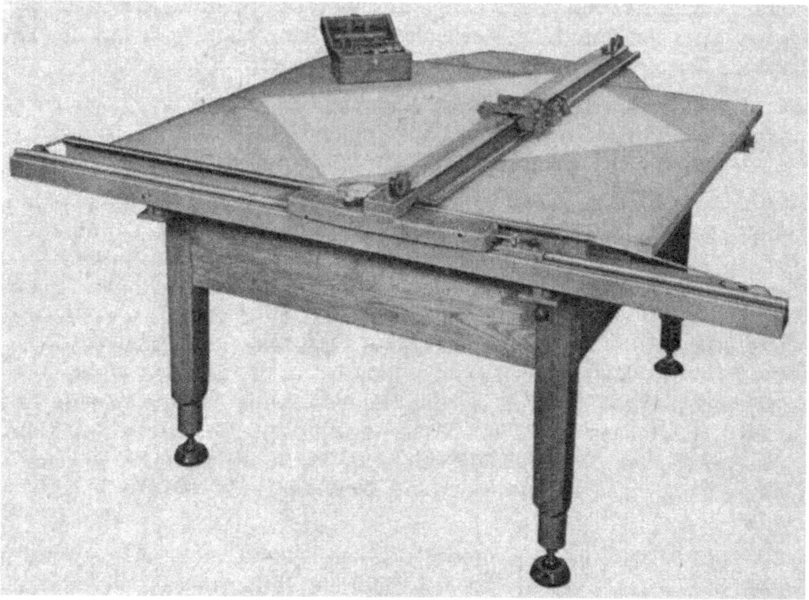

Abb. 2. Koordinatograph

Eine weitere Schwierigkeit besteht darin, die auf der gekrümmten Erdoberfläche eingemessenen Punkte in einer Kartenebene darzustellen; die Problemstellung wird in einfachster Weise beim Schälen einer Apfelsine erläutert. Beim Einschneiden liegen alle Punkte einer Schnittlinie (Größtkreis) noch zusammen. Wird die Schale abgenommen, lassen sich die einzelnen Teile der Schalen nicht zusammenhängend in einer Ebene ausbreiten. Es kommt zu Klaffungen, die an den Polen am stärksten sind, nur am Äquator findet noch eine Berührung statt. Je schmaler die einzelnen Streifen sind, um so kleiner sind die Klaffungen. Ganz eben wird dieses Hilfsmodell nur unter Druck, also mit Verfälschung der Maße, weil die Schalen gewölbt sind.

Um den Rotationskörper Erde in eine Ebene abbilden zu können, muß eine geeignete Projektionsart ausgewählt werden. Es würde zu weit führen,

hier auf die einzelnen Projektionen einzugehen. Je nach Größe und Ausdehnung eines Landes sind verschiedene Lösungen möglich, bei denen die Verzerrungen ein Minimum aufweisen. Trotz der umfangreichen und komplizierten Rechnungen werden auch dann die Verzerrungen nicht ganz vermieden, und es ist bei der Wahl der Projektionsart entscheidend, ob die Karte flächentreu oder winkeltreu sein soll. Flächentreue wird für Katasterkarten angestrebt, weil diese als Grundlage für die Besteuerung nach der Grundstücksgröße verwendet werden. Winkeltreu müssen insbesondere die See- und Flugkarten sein, weil aus ihnen Winkel für den zu steuernden Kurs herausgegriffen werden sollen (Mercator-Karte).
Für die Verwendung der Karten sind Angaben über die geographischen Längen und Breiten meistens ungeeignet, weil diese in der Karte als krumme Linien erscheinen. Das in den Wanderkarten (Meßtischblatt) eingetragene Gitternetz (Koordinatennetz) ist das rechtwinklige *Gauß-Krüger-*

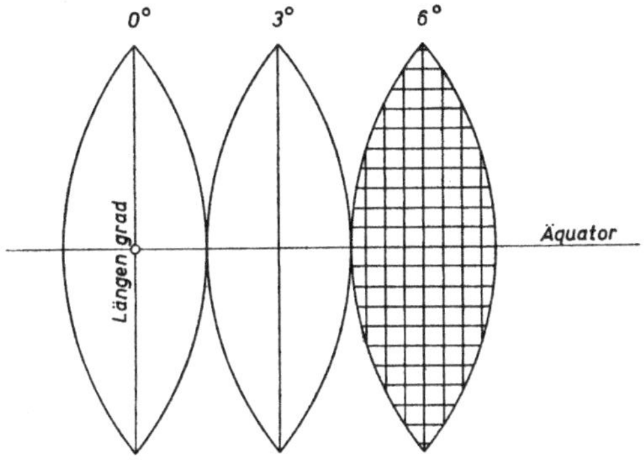

Abb. 3. *Gauß-Krüger*-Gitter

Gitter, welches aus dem oben geschilderten Apfelsinen-Prinzip entwickelt ist und die einfache Festlegung von Punkten der Erdoberfläche nach rechtwinkligen Koordinaten gestattet. Die Erdoberfläche ist in 120 Streifen von je drei Längengraden aufgeteilt, und die Gitterlinien sind in jedem Meridianstreifen parallel zu seinem Mittelmeridian und zum Äquator.
Nach der bisherigen Darstellung sind nur die Projektionen der Geländepunkte in die Kartenebene gezeichnet; über die Höhenlage der Punkte untereinander wurde noch nichts gesagt. Höhenunterschiede werden entweder durch ein geometrisches Nivellement mit einem Nivellierinstrument oder durch Messung von Höhenwinkeln und Entfernungen mit dem Theodolit bestimmt. Für grobe Messungen genügt auch eine barometrische Höhenmessung. Als Nullpunkt für Höhenmessungen bietet sich der Meeresspiegel an, und so wurde für Deutschland der Amsterdamer Pegel als Nullpunkt gewählt. Um jedoch auch im Innern des Landes einen Bezugspunkt

zu haben, wurde bei Karlshorst, im Osten Berlins, ein Höhenfestpunkt geschaffen, dessen Höhenunterschied zum Amsterdamer Pegel genau bestimmt wurde. Die Höhenangaben in den amtlichen Karten sind auf diesen Punkt bezogen und gelten als Höhen über NN (Normal Null).

Wie bei der Triangulation wird auch beim Nivellement vom Großen ins Kleine gearbeitet, und es gibt Nivellements mehrerer Ordnungen. Bei der sehr genauen Messung des Nivellements I. Ordnung gelingt es, den Höhenunterschied zwischen zwei Punkten, die einen Kilometer weit auseinanderliegen, mit einer Genauigkeit von $\pm$ 0,25 mm zu bestimmen. Die Höhenmessungen geben die Grundlage für die Darstellung der Geländeformen in der Karte, die entweder durch Höhenlinien, Schraffen, Schummerung, Farbunterschiede oder durch eine Verschmelzung der verschiedenen Verfahren anschaulich gemacht werden.

Das Endprodukt jeder Vermessung ist die Karte, in der alle Meßergebnisse klar und leichtverständlich dargestellt werden. Je nach dem Verwendungszweck gibt die Karte eine Vorstellung von der Geländegestalt, Bewachsung und Bebauung; aus ihr können Flächen, Winkel und Strecken entnommen werden, sie ist Grundlage jeder Planung.

Durch photographische Verkleinerung oder durch Neuzeichnung in den gewünschten Maßstäben werden Karten für jeden Verwendungszweck geschaffen.

Die in mühseliger Kleinarbeit entstandene Originalkarte auf dem laufenden zu halten, ist ein Problem für sich, denn die Erdoberfläche ist durch natürliche oder künstliche Veränderungen einem ständigen Wechsel unterworfen.

Für den Kartendruck wurden diese Karten früher durch Handgravur auf Stein- oder Kupferplatten übertragen, bei modernen Kartenwerken wird das Kartenbild meist auf einen transparenten Zeichenträger gezeichnet, photochemisch auf Zinkplatten übertragen und im Offsetverfahren gedruckt. Sollen mehrfarbige Karten gedruckt werden, so müssen für jede Farbe weitere Zeichnungen und Druckplatten angefertigt werden, mit denen die Karten nacheinander farbig bedruckt werden.

Nach diesen einführenden Darstellungen sollen im folgenden die Theodolitmessungen ausführlicher dargestellt werden.

2. Die Instrumente und ihre Handhabung

2.1 Der Schultheodolit

Die Winkelmessung ist, wie aus der Einleitung hervorgeht, eine der wichtigsten Arbeiten bei fast allen Vermessungsaufgaben. Damit wird der Theodolit zum interessantesten Instrument.

Wenn eine Schule von einer örtlichen Vermessungsdienststelle einen „Theodolit-Veteranen" geerbt hat, mag sie sich glücklich schätzen, sie hat damit ein wertvolles Demonstrationsobjekt. Für praktische Übungen in der Schule ist ein solches Instrument leider wenig geeignet, weil diese leistungsfähigen Theodolite für den Schulgebrauch meist zu schwer und so kompliziert sind, daß viel wertvolle Zeit für die Erklärung und Übung in der Handhabung verlorengeht. Fehler beim Ablesen der Kreisteilungen werden anfangs die Übungen erschweren. Ein Theodolit für die Schule kann in seinem Aufbau nicht einfach genug sein, die Handhabung muß von den Schülern nach einer kurzen Erklärung begriffen werden, so daß sie bald selbständig damit arbeiten können. In möglichst kurzer Zeit sollen genügend auswertbare Messungen für den Unterricht gesammelt werden, und jeder Schüler möchte an der Messung teilhaben. Eine Übung ohne auswertbare Ergebnisse verfehlt ihren Sinn.

Diese Grundforderung nach Einfachheit und Klarheit im Aufbau erfüllt ein Diopterinstrument, bei dem die Ziellinie aus einem Einblickloch und einer Zielspitze, aus zwei Zielspitzen oder aus „Kimme und Korn" gebildet wird. Horizontalwinkel (Seitenwinkel) und Vertikalwinkel (Höhenwinkel) werden wie mit einem großen Theodolit gemessen, aber die Einstellung des Zieles wird ohne Klemmen und Feinbewegungsschrauben vorgenommen.

Bei dem ARISTO-Dioptertheodolit sind die Kreise auf weißem Kunststoff wie bei einem Transporteur in Grade geteilt und werden an einem Indexstrich abgelesen, Zehntelgrade lassen sich schätzen. Durch Mittelbildung zwischen mehreren Messungen erhält man auch Hundertstel des Grades, so daß die Ergebnisse mit einer vierstelligen Log-Tafel oder mit dem Rechenstab ausgewertet werden können.

Mit einigen Abwandlungen ist auch der ARISTO-Kleintheodolit im Handel erhältlich. Bei gleichem Aufbau besitzt dieses Instrument ein Fernrohr mit zehnfacher Vergrößerung; Klemmen und Feintriebschrauben für die Zieleinstellung sowie Nonien für die Teilkreisablesung verbessern das Instrument, machen es aber auch komplizierter in der Handhabung. Das mitgelieferte Stativ hat einen Zentrierkopf zur leichteren Zentrierung des Theodolits über einem Standpunkt.

Bei einer Neuanschaffung ist zu überlegen, welchem Instrumententyp der Vorzug zu geben ist und in welchem Umfang Meßübungen veranstaltet werden sollen. Grundsätzlich können mit beiden Theodoliten die gleichen Übungen mit ausreichender Winkelgenauigkeit durchgeführt werden. Für optische Streckenmessung eignet sich das Fernrohr natürlich besser, weil damit eine Meßlatte auf weitere Entfernungen abgelesen werden kann als

Abb. 4. ARISTO-Dioptertheodolit

Abb. 5. ARISTO-Kleintheodolit

mit dem bloßen Auge durch ein Diopter. Bis auf etwa 20 m können aber auch mit dem Diopter Entfernungen an einer Nivellierlatte abgelesen werden. Bei astronomischen Beobachtungen ist die Zielerfassung mit dem Fernrohr genauer.

Da der Preis für zwei Dioptertheodolite etwa dem eines Kleintheodolits entspricht und es darauf ankommt, möglichst viele Schüler bei einer Klassenübung zu beschäftigen, sollte die Entscheidung nicht schwerfallen und lauten: Zwei Dioptertheodolite sind für den Unterricht wertvoller als nur ein Kleintheodolit.

Da jedoch in der Praxis meist die Bewilligung für nur ein Instrument ausgesprochen wird, ist es verständlich, daß sich mancher Lehrer für das vollkommenere Instrument mit dem Fernrohr entscheiden wird.

Im folgenden wird die Handhabung der ARISTO-Theodolite * beschrieben, die zur Zeit im Handel erhältlich sind. Gelegentlich werden Hinweise für die Benutzung älterer Theodolite gegeben.

* Hersteller Dennert & Pape, Hamburg

2.2 Zusatzinstrumente

Durch Zusatzgeräte wird der Schultheodolit sehr vielseitig.

1. Mit einer Fernrohrlibelle lassen sich geometrische Nivellements ausführen.
2. Eine anschraubbare Bussole gestattet die Orientierung der Winkel nach magnetisch Nord; sie ist gleichzeitig als Handbussole verwendbar und mit einer Maßstabkante zum Kartieren von Richtungen und Entfernungen versehen.

Abb. 6. Bussole für Schultheodolit, auch Handbussole

Abb. 7. Kleinkippregel

3. Mit einem Meßtisch und einem Meßtischlineal läßt sich der Theodolit zur Kippregel umbauen; damit kann die Karte bereits im Gelände gezeichnet werden.
4. Eine Nivellierlatte dient zum Messen von Höhenunterschieden und zur optischen Messung von Entfernungen.
5. Ein Stahl- oder Leinenmeßband ist wichtig zur direkten Entfernungsmessung.
6. Fluchtstäbe zum Festlegen von Zielpunkten oder Ausfluchten von Geraden sind unentbehrlich.

Mit diesen Verwandlungsmöglichkeiten und Hilfsgeräten können je nach dem Ausbildungsstand der Klasse interessante Übungen durchgeführt werden.

2.3 Aufstellen des Theodolits

Das Aufstellen über einem bestimmten Punkt bereitet dem Anfänger mitunter etwas Schwierigkeiten, daher sollen im folgenden einige Hinweise gegeben werden.

Das Stativ soll mit der Mitte des Stativkopfes über dem Punkt stehen, und der Stativkopf soll dabei ungefähr horizontal ausgerichtet sein. Für die grobe Ausrichtung ergreift jede Hand ein Stativbein, und während das dritte Stativbein als Drehpunkt für die Aufstellung dient, bewegt man die ergriffenen Stativbeine hin und her, bis der Stativkopf die ungefähr richtige Lage hat. Als nächstes wird das jedem Instrument beigegebene Schnurlot am Lothaken der Anzugschraube befestigt und die Stativlage so verändert, bis die Lotspitze genau über dem Punkt schwebt. Die einschiebbaren Stativbeine erleichtern diese Arbeit. Bei einem Stativ mit Zentrierkopf wird das Instrument auf den Stativkopf aufgesetzt und von unten mit der Anzugschraube angeschraubt. Mit noch gelockerter Schraube läßt sich das Instrument auf dem Stativkopf ein wenig verschieben, bis sich die Lotspitze über dem Punkt befindet.

Voraussetzung für eine genaue Winkelmessung ist, daß der Horizontalkreis auch wirklich horizontal ist, oder anders ausgedrückt, daß die Achse, um die sich das Theodolitoberteil über dem Horizontalkreis dreht, lotrecht steht. Die Dosenlibelle am Oberteil zeigt die horizontale Lage an, wenn sie mit den drei Fußschrauben zum Einspielen gebracht worden ist, d. h. wenn die Libellenblase mittig zur Kreismarke liegt. Zum Einspielen der Dosenlibelle werden zwei Fußschrauben so lange gegenläufig nach innen oder nach außen gedreht, bis die Blase in einer Richtung mittig liegt, dann kann die Zentrierung der Blase durch Drehung der dritten Fußschraube nahezu erreicht werden. Die Wiederholung dieses Vorganges wird dann zum Ziele führen. Die Libellenblase folgt der Bewegungsrichtung des linken Daumens.

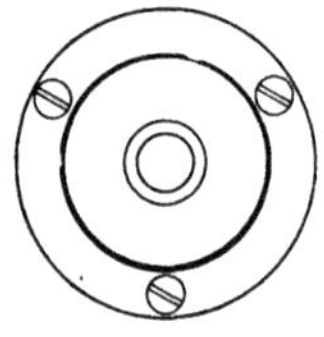

Abb. 8. Dosenlibelle eingespielt

Ist die Libellenblase zentrisch zur Kreismarke eingespielt, empfiehlt sich die Kontrolle, ob die Dosenlibelle richtig justiert ist. Zeigt sich nach Drehung des Theodolitoberteils um 180° ein Ausschlag der Libelle, wird dieser zur Hälfte mit den Fußschrauben und zur anderen Hälfte mit den drei Justierschrauben der Libelle beseitigt. Diese Justierung ist mit einem Schraubenzieher leicht auszuführen, sie erfordert anfangs etwas Geduld. Man muß sich klarmachen, in welche Richtung die Libelle beim Lockern einer Schraube wandert und daß die zwei anderen Schrauben entsprechend festgezogen werden müssen. Spielt die Dosenlibelle in jeder Stellung des Theodolits ein, ist der Theodolit meßbereit.

2.4 Zielen mit einem Diopter

Beim Zielen mit dem Dioptertheodolit ergreifen beide Hände die Plexiglasscheibe über dem Teilkreis und drehen das Diopterrohr ungefähr in die Zielrichtung, dann wird das Diopter so weit gekippt, bis seine Ziel-

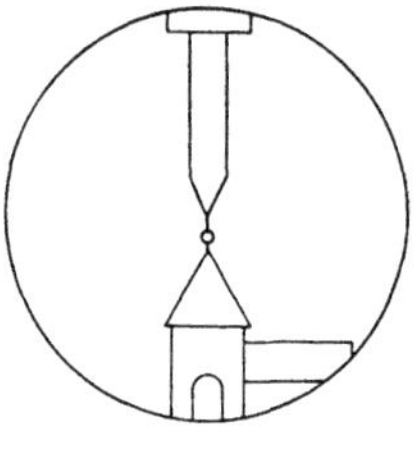

Abb. 9. Zielspitze im Ziel

spitze auf gleicher Höhe mit dem Ziel liegt. In dieser Lage kann die horizontale Drehachse des Fernrohrs mit der seitlichen Rändelschraube festgeklemmt werden. Durch weitere Drehung um die Vertikalachse wird die Ziellinie mit dem Ziel zur Deckung gebracht. Das Auge des Beobachters wird zum Zielen dicht an die kleine Einblickbohrung gebracht.

2.5 Zielen mit einem Fernrohr

Vor dem Beginn der Beobachtungen wird das Fernrohr gegen einen hellen Hintergrund, z. B. gegen den Himmel, gerichtet und durch Drehen des gerändelten Ringes am Okular das Strichkreuz im Okular scharf eingestellt. Bei alten Instrumenten wird das Okular herausgezogen. Da jedes Auge eine andere Sehschärfe hat, muß diese Einstellung von jedem neuen Beobachter vorgenommen werden. Leider ist es dem Lehrer unmöglich, diese Einstellung eines Schülers nachzuprüfen. Aus diesem Grunde muß jede Messung von einem Beobachter zu Ende geführt werden.

Das Ziel wird zunächst über das Fernrohr hinweg grob anvisiert — bei manchen Instrumenten über Kimme und Korn —, dann wird die Bildschärfe durch Drehen des seitlichen gerändelten Knopfes eingestellt; dadurch wird bei modernen Theodoliten eine Linse im Innern des Fernrohres, bei alten Instrumenten das Okular einschließlich Strichkreuz verschoben. Nach dem Festklemmen der horizontalen Fernrohrachse und der Vertikalachse mit ihren Klemmschrauben wird durch Drehen der Feinbewegungsschrauben die Mitte des Strichkreuzes mit dem Ziel zur Deckung gebracht.

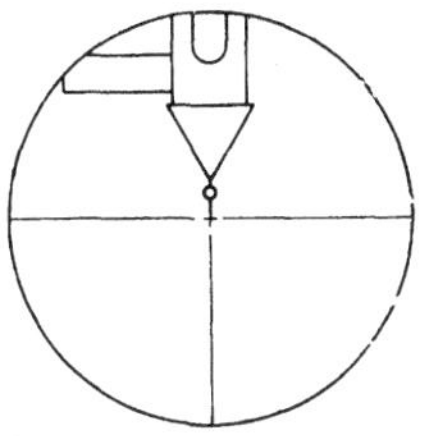

Abb. 10. Zielen mit einem Fernrohr. Das Bild ist umgekehrt

Theodolitfernrohre sind sogenannte astronomische Fernrohre, bei denen eine Bildumkehrung stattfindet und somit alles auf dem Kopf steht.

Das Fernrohrbild und das Strichkreuz dürfen sich beim Bewegen des Auges vor dem Okular nicht gegeneinander verschieben, sonst muß die Einstellung der Strichkreuz- und Bildschärfe noch einmal korrigiert werden, um Messungsfehler zu vermeiden. Wenn nämlich das Strichkreuz und der Zielpunkt sich beim Bewegen des Auges gegeneinander verschieben, spricht man von Parallaxe, d. h. die Bildebene und die Strichkreuzebene fallen nicht zusammen. Damit erhält man je nach Lage des Auges eine andere Zielung.

2.6 Die Teilkreisablesung

2.6.1 Der Indexstrich

Auf der sich über dem Teilkreis drehenden Plexiglasscheibe befindet sich ein roter Indexstrich, der die Ablesestelle markiert. Der Horizontalkreis des Schultheodolits liegt fest und macht die Drehung des Instrumentes nicht mit. Er ist von Grad zu Grad geteilt, alle zehnten Grade sind beziffert, zwischen jedem Teilstrich werden wie bei einem Winkelmesser die Zehntelgrade geschätzt. Die Strichstärke des Ablesestriches entspricht etwa dem zehnten Teil eines Intervalls der Teilung, dadurch wird das Schätzen erleichtert.

Zur Vorübung im Schätzen sei empfohlen, einen Maßstab mehrere Male beliebig an eine Strecke anzulegen und am Anfang und Ende der Strecke die Werte auf ein zehntel Millimeter genau abzulesen, die Differenz der Ablesungen muß dann jedesmal dasselbe Maß für die Strecke ergeben. Man kann auch in gleicher Weise mit einem Transporteur einen gezeichneten Winkel in verschiedenen Lagen messen, um das Schätzen der Zehntelgrade zu üben. Beim Kleintheodolit und bei vielen großen Theodoliten ermöglicht ein Nonius die genaue Teilkreisablesung ohne Schätzung.

Abb. 11a. Kreisablesung durch Schätzen: 26,3°

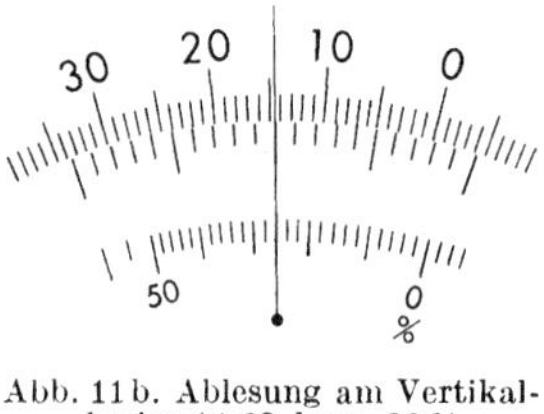

Abb. 11b. Ablesung am Vertikalkreis: 14,6° bzw. 26 %

2.6.2 Der Nonius

Von der Ablesemarke ausgehend, ist eine Teilung mit zehn Intervallen in die transparente Scheibe eingraviert. Diese zehn Intervalle entsprechen neun Intervallen der Kreisteilung, d. h. jedes Noniusintervall ist um $^1/_{10}$ Intervall des Teilkreises kleiner. Wenn der Ableseindex auf einem vollen Gradstrich steht, fällt auch der zehnte Noniusstrich mit einem Strich der Kreisteilung zusammen (Koinzidenz). Wird der Index der Kreis-

Abb. 12. Noniusablesung 12,5°

ablesung um $^1/_{10}{}^\circ$ weitergedreht, deckt sich der erste Noniusstrich mit einem Strich der Kreisteilung; bei einer Drehung um $^2/_{10}{}^\circ$ koinzidiert der zweite Noniusstrich usw. Die Schätzung am Kreisindex und die Noniusablesung müssen also stets den gleichen Wert ergeben. Um eine übersichtliche Ablesung zu erreichen, entspricht der Nonius des Kleintheodolits nicht 9, sondern 19 Kreisintervallen, und von den an sich nötigen 20 Noniusstrichen ist jeder zweite geteilt; an dem Prinzip der Ablesung ist dadurch nichts geändert. Wenn keine eindeutige Koinzidenz festgestellt werden kann, läßt sich als Mittelwert zwischen den beiden in Frage kommenden Ablesungen $^1/_{20}{}^\circ$ angeben. Präzisionstheodolite mit größeren Metallkreisen ermöglichen auf Grund feinerer Unterteilung von Teilkreis und Nonius genauere Ablesungen.

2.6.3 Prozentteilung

Der Indexstrich des Höhenkreises ist verlängert und reicht in die konzentrisch zum Höhenkreis angeordnete Prozentteilung, an der Steigungen oder Gefälle in Prozenten abgelesen werden.

3. Einführende Meßübungen

3.1 Messung von Horizontalwinkeln

Wenn das Fernrohr oder Diopter eines horizontierten Theodolits um seine horizontale Achse gekippt wird, bewegt sich die Ziellinie in einer Vertikalebene senkrecht zum Horizontalkreis. Die Höhenlage des Punktes spielt also für die Ablesung am Horizontalkreis keine Rolle, weil mit einer Zielung stets die Projektion auf den Horizontalkreis festgelegt wird und am Indexstrich des Teilkreises abgelesen werden kann. Wenn der Horizontalwinkel zwischen zwei Zielpunkten bestimmt werden soll, genügt es daher, beide Punkte nacheinander anzuzielen und jedesmal den Teilkreis abzulesen. Die Differenz der beiden Teilkreisablesungen ist der gesuchte Horizontalwinkel.

Die Lage des Ablesestriches zur Fernrohrachse spielt keine Rolle, sie bildet einen konstanten Winkel mit der Zielachse und fällt bei der Differenzbildung heraus. Jede Zielung gibt eine Richtung an, die Differenz zweier Richtungen ergibt den Wert des Winkels zwischen den beiden Richtungen.

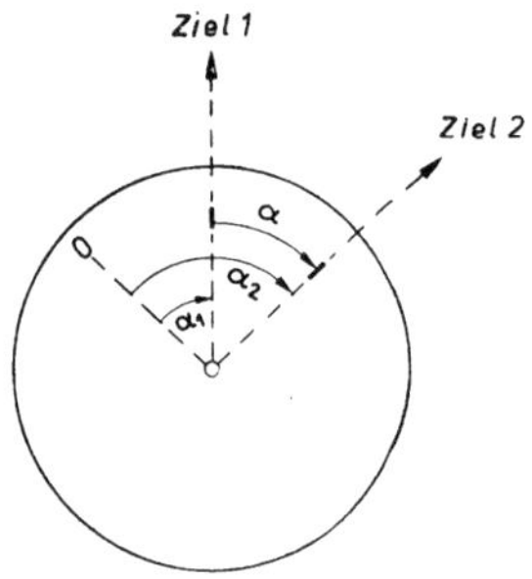

Abb. 13.
Horizontalwinkel $\alpha = \alpha_2 - \alpha_1$

3.2 Die Genauigkeit der Winkelmessungen

Die Genauigkeit der Winkelmessungen wird beeinflußt von den Fehlern, die der Beobachter bei der Erfassung des Zieles, bei der Kreisablesung, beim Einspielen der Libelle und bei der Zentrierung über dem Standpunkt macht. Ferner spielen die unvermeidlichen Instrumentalfehler eine Rolle, denn es ist nicht möglich, ein Instrument so zu justieren, daß es vollkommen fehlerfrei arbeitet. Restfehler von der Größenordnung der persönlichen Beobachtungsfehler verbleiben immer, weil die Justierung nur im Rahmen von Beobachtungen vorgenommen werden kann. Derartige Fehler entstehen bei der Zentrierung der Teilkreise, beim Justieren der Libellen sowie beim Lotrechtstellen der Stehachse, Horizontieren der Kippachse (Horizontalachse) und Ziellinie. Die beste Regel, die Instrumentalfehler soweit wie möglich auszuschalten, besteht darin, stets in beiden Fernrohrlagen zu beobachten und die Ergebnisse zu mitteln. Besonders hervorzuheben ist, daß eine gute Horizontierung des Instrumentes Voraussetzung ist, denn wenn die Stehachse nicht lotrecht steht, kann der dadurch entstehende Winkelfehler durch Messungen in beiden Fernrohrlagen (s. 3.6.2) nicht behoben werden. Aus diesem Grunde muß für genaue Messungen die Dosenlibelle immer gut justiert werden, wie auf Seite 10 angegeben. Wie genau Horizontalwinkel mit dem Schultheodolit gemessen werden können, zeigen die folgenden Winkelmessungen mit zwei verschiedenen Instrumenten, mit einem Dioptertheodolit und mit einem Kleintheodolit:

3.3 Beobachtungen mit dem ARISTO-Dioptertheodolit

Ziel	Bezeichnung	Fernrohrlage I		Fernrohrlage II		Mittel aus I und II	Gesamtmittel
		Richtung	Winkel	Richtung	Winkel		
1	♁ Melanchton	329,7°	0,0°	78,9°	0,0°	0,00°	0,00°
2	♁ Gr. Flottbek	72,2	102,5	181,3	102,4	102,45	102,45
3	Turm	122,9	153,2	232,0	153,1	153,15	153,18
4	Antenne	187,9	218,2	297,0	218,1	218,15	218,12
5	Blitzableiter	238,2	268,5	347,6	268,7	268,60	268,55
Wiederholung							Winkelfehler
1	♁ Melanchton	157,7°	0,0°	21,8°	0,0°	0,00°	± 0,00°
2	♁ Gr. Flottbek	260,2	102,5	124,2	102,4	102,45	0,00
3	Turm	311,0	153,3	174,9	153,1	153,20	0,02
4	Antenne	16,0	218,3	239,7	217,9	218,10	0,02
5	Blitzableiter	66,3	268,6	290,2	268,4	268,50	0,05

Die obige Tabelle gibt gleichzeitig an, wie die Winkelmessungen praktisch aufgeschrieben und gerechnet werden. Als Ziel 1 wird man immer einen gut einstellbaren Punkt auswählen, weil diese Richtung von allen anderen abgezogen wird.

3.4 Beobachtungen mit dem ARISTO-Kleintheodolit

Ziel	Bezeichnung	Fernrohrlage I		Fernrohrlage II		Mittel aus I und II	Gesamtmittel
		Richtung	Winkel	Richtung	Winkel		
1	♁ Melanchton	207,3°	0,00°	326,8°	0,00°	0,00°	0,00°
2	♁ Gr. Flottbek	309,7	102,4	69,5	102,7	102,55	102,52
3	Turm	0,5	153,2	120.3	153,5	153,35	153,28
4	Antenne	65,55	218,25	185,05	218,25	218,25	218,18
5	Blitzableiter	116,1	268,8	235,5	268,7	268,75	268,72
							Winkelfehler
1	♁ Melanchton	94,5°	0,00°	274,3°	0,00°	0,00°	± 0,00°
2	♁ Gr. Flottbek	196,85	102,35	16,95	102,65	102,50	± 0,02
3	Turm	247,5	153,0	67,7	153,4	153,20	± 0,08
4	Antenne	312,4	217,9	132,6	218,3	218,10	± 0,08
5	Blitzableiter	3,0	268,5	183,15	268,85	268,68	± 0,04

Nach jeder Beobachtungsreihe wurde das Fernrohr durchgeschlagen, das Instrument auf einem Stativ mit Zentrierkopf etwas verdreht und neu horizontiert, so daß immer andere Stellen des Teilkreises zur Messung benutzt wurden. Auf diese Weise wurde jede Beobachtungsreihe unter anderen Voraussetzungen durchgeführt.

Die Winkel stimmen bei beiden Instrumenten gut überein, denn die Abweichungen vom Gesamtmittel (Winkelfehler) sind beim Dioptertheodolit und beim Kleintheodolit kleiner als 0,1°. Auch ein Vergleich der beiden Gesamtmittel zeigt keine größeren Abweichungen. Die etwas größere Differenz bei Ziel 5 dürfte auf ein Schwanken des Blitzableiters zurückzuführen sein.

3.5 Optische Streckenmessung

Strecken können in der bekannten Weise mit einem Bandmaß direkt gemessen werden, aber auch mit dem Diopter oder mit dem Fernrohr lassen sich die Strecken indirekt messen, wenn eine Nivellierlatte (senkrecht gehaltene Meßlatte mit Zentimeterteilung) angezielt wird. Oberhalb und unterhalb der Zielspitze des Diopters befinden sich Ansätze, die stärker als die Zielspitze des Diopters ausgebildet sind. Der Abstand dieser Ansätze verhält sich zur Länge des Diopters wie 1 : 10, so daß sich nach dem Strah-

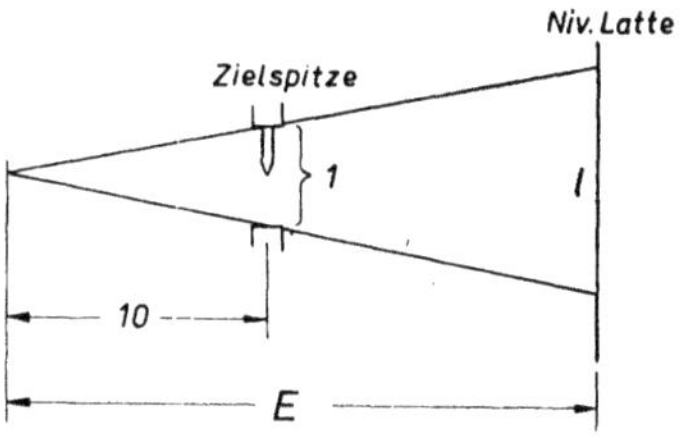

Abb. 14. Entfernungsmessung mit dem Diopter

lensatz die Entfernung zur Latte berechnen läßt, wenn die Anzahl der Dezimeter zwischen den beiden Ansätzen an der Latte abgezählt wird. 1 dm an der Latte entspricht 1 m in der Natur. Dazu wird einer der beiden Ansätze auf einen vollen Dezimeterwert eingestellt, damit sich die Dezimeter an der Meßlatte besser abzählen lassen. Dann verhält sich:

$$\frac{E}{l} = \frac{10}{1} \qquad E = \text{Entfernung in Metern}$$

$$E = 10 \cdot l \qquad l = \text{Lattenablesung in Dezimetern}$$

Werden z. B. 12,7 dm abgezählt, so beträgt die Entfernung 12,7 m.

Nach dem gleichen Prinzip werden auch Strecken mit dem Fernrohr gemessen, indem die Zentimeter zwischen den beiden kurzen Distanzstrichen im Okular an einer Latte abgezählt werden. Der Faktor ist in diesem Falle

100, so daß die Entfernungen nach der Beziehung $E = 100 \cdot l$ erhalten werden, weil der Abstand der die Entfernung messenden Strichmarken gleich ein Hundertstel der Brennweite des Objektivs ist. 1 cm an der Latte entspricht 1 m in der Natur.

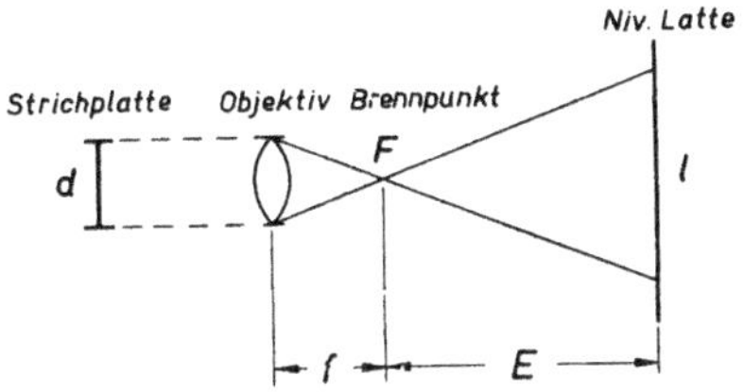

$$\frac{E}{l} = \frac{f}{d}; \quad \frac{f}{d} = 100$$

Abb. 15a. Optische Entfernungsmessung mit einem Fernrohr

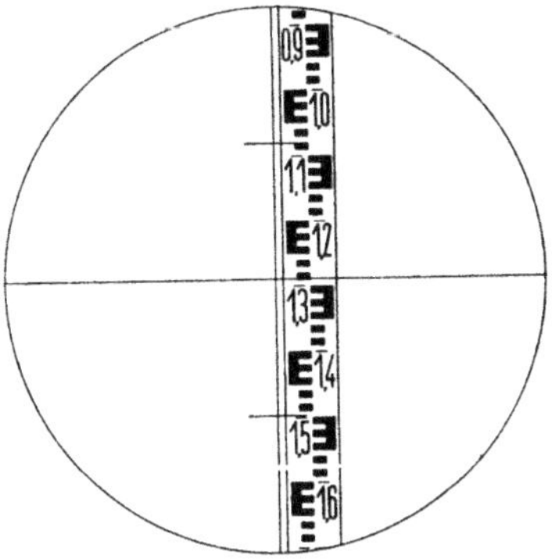

Abb. 15b. Ablesung zwischen den Distanzstrichen 42,0 cm. $E = 42{,}0$ m

3.6 Eine kleine Triangulation

3.6.1 Anordnung der Messung

Als erste größere Übung eignet sich am besten eine Dreiecksmessung. Drei Punkte werden auf dem Schulhof oder in einem anderen freien Gelände durch in den Boden eingeschlagene Holzpflöcke oder große Nägel markiert. Zwischen diesen Punkten sollen alle Winkel und Seiten gemessen werden. Die sich aus den überschüssigen Beobachtungen ergebenden Kontrollmöglichkeiten sind geeignet, das Vertrauen zur eigenen Messung zu gewinnen. Außerdem wird an dieser Übung sofort klar, daß es keine absolut genauen Messungen gibt, sondern daß vielmehr jede Messung mit Messungsfehlern behaftet ist. Durch die Anlage der Dreiecksfigur und die Meßanordnung kann man diese Messungsfehler weitgehend verkleinern. Das Dreieck soll etwa gleichseitig gewählt werden, und jede Messung muß kontrolliert werden. Dadurch werden erstens grobe Meßfehler vermieden, und zweitens ergibt sich die Möglichkeit, das Mittel aus den Beobachtungen zu bilden, wodurch das Ergebnis genauer wird. Zu kurze Dreiecksseiten verursachen leicht Ungenauigkeiten bei der Winkelmessung, weil dann das Ziel, besonders bei Messungen mit dem Fernrohr, nur ungenau eingestellt werden kann. Zu lange Zielweiten verursachen für die Übung zu viel Laufereien und erschweren die Verständigung von Punkt zu Punkt. Seitenlängen zwischen 30 und 60 m dürften für die erste Übung gerade richtig sein.

Bei der Verwendung eines Dioptertheodolits sind die kürzeren Seiten zu wählen, weil dann auch die indirekte Streckenmessung besser demonstriert werden kann. Für die indirekte Streckenmessung benötigt man eine Nivellierlatte; es gibt aber auch sogenannte Geometermaßstäbe nach Art eines Zollstocks von zwei oder drei Meter Länge. Eine einfache Holzleiste, an der eine auf Zeichenkarton selbstgefertigte schwarzweiße Dezimeter- oder Zentimeterteilung befestigt wird, erfüllt den gleichen Zweck. In Fachgeschäften sind aber auch derartige einfache Nivellierteilungen erhältlich, die preiswert zu haben sind. Auf jeden Fall sollte diese indirekte Messung der Strecken nicht außer acht gelassen werden, weil das Interesse an den Übungen dadurch gesteigert wird. Bei langen Strecken ist es ratsam, die

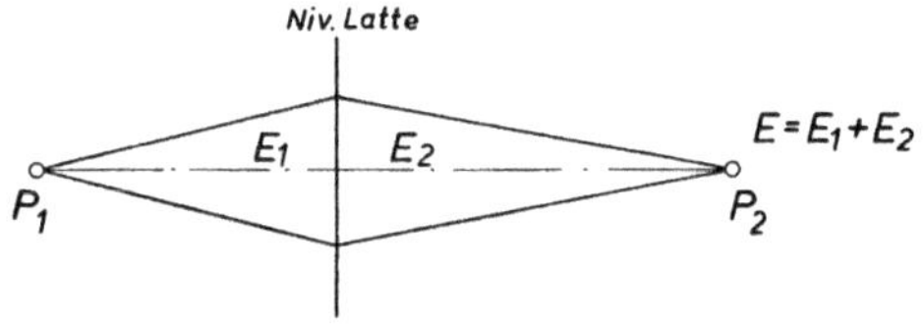

Abb. 16. Entfernungsmessung mit zwei Teilstrecken

Nivellierlatte in die Mitte der Linie einzufluchten und von beiden Theodolitstandpunkten aus die Teilentfernung zu messen (wichtig für Diopter-Theodolit).

Folgende Verteilung der Aufgaben wird für diese Übung empfohlen:

Am Theodolit werden ein Beobachter, ein Ableser für die Winkel und ein Aufschreiber für die Winkel und Strecken eingeteilt. Die Funktionen können mit jedem Standpunkt ausgetauscht werden.
Zur Messung der Strecken mit dem Meßband genügen zwei Schüler; ein weiterer Schüler wird die Nivellierlatte halten. Auch diese drei können im Verlauf der Messungen untereinander wechseln. Ein guter Zeichner kann schließlich die Ergebnisse mit einem Transporteur (Geo-Dreieck) und Maßstab in einer Skizze festhalten, damit für die Auswertung der Messungen eine gute Unterlage vorhanden ist und die Bezeichnung der einzelnen Punkte richtig festgelegt wird.
Für die Aufzeichnung der Winkelmessungen empfiehlt sich die Anwendung eines vorbereiteten Formulars (vgl. 3.4).

3.6.2 Verlauf der Messung

Besondere Sorgfalt ist auf die gute Zentrierung des Theodolits über den Dreieckspunkten zu verwenden. Grundsätzlich wird erst der linke, dann der rechte Punkt angezielt, damit stets der Innenwinkel und nicht der Außenwinkel gemessen wird, denn der Horizontalkreis ist im Uhrzeigersinn beziffert.
Jede Winkelmessung wird erst in der Lage „Fernrohr rechts vom Höhenkreis" ausgeführt, dann wird das Fernrohr durchgeschlagen, d. h. der

Theodolit wird um 180° um seine vertikale Achse gedreht und der Zielpunkt durch Drehen des Fernrohrs um seine horizontale Achse wieder angezielt. In dieser zweiten Fernrohrlage (Fernrohr links neben dem Höhenkreis) wird die Messung wiederholt, wodurch bei der anschließenden Mittelbildung zwischen beiden Winkeln die kleinen Restfehler der Instrumentjustierung herausgemittelt werden. Wenn man ein Übriges tun will, kann vor dieser zweiten Messung der Theodolit neu aufgestellt werden, wobei die Stativbeine um den Standpunkt versetzt werden, um völlig andere Ablesungen zu erhalten. Beim Kleintheodolit ist eine Drehung auf dem Stativkopf möglich. Eine exakte Nulleinstellung ist bei allen einfachen Theodoliten nicht möglich, ein Winkel wird stets als Differenz zweier Richtungen bestimmt.

Jede Streckenmessung wird zweifach ausgeführt. Zur Messung der Entfernungen mit dem Fernrohr wird einmal der obere kurze Strich, das andere Mal der untere auf einen vollen Dezimeterwert eingestellt, und die Anzahl der Zentimeter bis zum nächsten Strich abgezählt. Der Mittelwert aus beiden Messungen gibt dann ein genügend genaues Ergebnis. Allerdings dürfen die Dreieckspunkte nicht zu unterschiedlich in der Höhe sein, weil sonst Schrägentfernungen an Stelle der Horizontalentfernungen gemessen werden, die erst auf den Horizont umgerechnet werden müßten (s. S. 40).

Bei der Bandmaßmessung wird grundsätzlich hin und zurück gemessen und wieder das Mittel gebildet. Zur flotten Abwicklung der Übung können die Bandmaßmessungen bereits während der Winkelmessungen durchgeführt werden, die optische Entfernungsmessung wird am besten anschließend an die Winkelmessungen vorgenommen.

Als häusliche Bearbeitung der Messungsergebnisse läßt sich die Genauigkeit der einzelnen Entfernungen diskutieren, indem die Abweichungen gegen das arithmetische Mittel gebildet und die Ergebnisse verschiedener Methoden verglichen werden. Die Winkelsumme der drei Winkel des Dreiecks muß 180° ergeben, eine Abweichung von diesem Sollwert wird auf die drei Winkel zu je $1/3$ der Differenz verteilt, um genauere Winkel zu erhalten. Einige trigonometrische Rechnungen mit den gemessenen Werten geben einen Einblick, wie die unvermeidlichen Messungsfehler sich auf die Ergebnisse auswirken.

Dazu wird am besten der Sinussatz benutzt, weil dann der Rechenstab mit Vorteil verwendet werden kann. Wenn z. B. mit dem Rechenstab irgendein Verhältnis zwischen einer Seite und dem Sinus des gegenüberliegenden Winkels eingestellt wird, indem der Winkel in der Sinusskala und die Seite in der Grundskala übereinandergestellt werden, kann durch Verschieben des Läufers zu jeder Seite des Dreiecks der entsprechende gegenüberliegende Winkel aus der Sinusskala entnommen werden. Umgekehrt erhält man zu jedem Winkel die entsprechende Seite.

4. Trigonometrische Punktbestimmung

Trigonometrische Punktbestimmungen können grundsätzlich graphisch mit einfachen Dreieckskonstruktionen durchgeführt werden. Wenn der Begriff der Koordinaten bereits bekannt ist, lassen sich die Konstruktionen in einem Gitternetz orientieren. Dann können anschließend die Koordinaten der gesuchten Punkte mit einem Planzeiger herausgegriffen werden.

4.1 Koordinatenrechnung

In den folgenden Übungen wird wiederholt mit Koordinaten gerechnet werden, deshalb soll auf diese wichtige Rechenart besonders eingegangen werden. Koordinaten sind lageangebende Zahlenpaare, die die Lage eines Punktes eindeutig in bezug auf ein Achsenkreuz festlegen.

O sei der Ausgangspunkt eines rechtwinkligen Achsensystems mit den Achsen x und y, in dem die Lage des Punktes P_1 durch die rechtwinkligen Koordinaten x_1 und y_1 bestimmt wird. Eine zweite Möglichkeit besteht darin, den Punkt P_1 durch Polarkoordinaten festzulegen, indem der Richtungswinkel α und die Strecke s als gegebene Größen eingeführt werden.

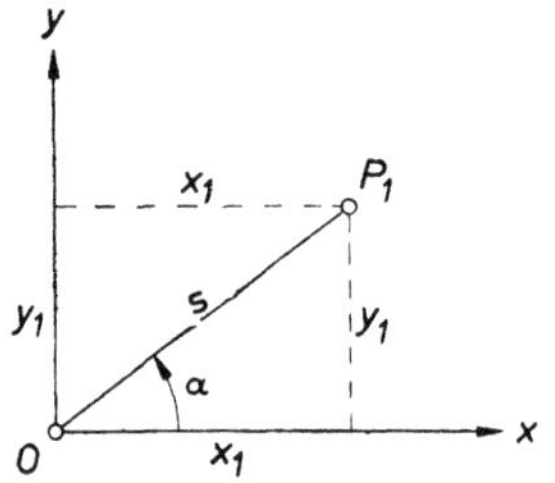

Abb. 17.
Koordinaten eines Punktes P_1

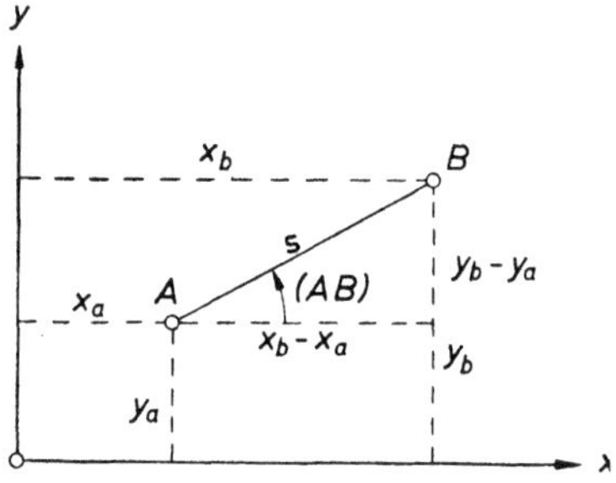

Abb. 18.
Bezeichnungen bei Koordinatenrechnungen

In Abb. 17 können die trigonometrischen Beziehungen sofort abgelesen werden:

$$\operatorname{tg} \alpha = \frac{y_1}{x_1} \qquad s = \frac{y_1}{\sin \alpha} = \frac{x_1}{\cos \alpha}$$

$$y_1 = s \cdot \sin \alpha$$

$$x_1 = s \cdot \cos \alpha$$

Aus den Koordinatenunterschieden x_1 und y_1 wird der Richtungswinkel α und die Entfernung s, oder umgekehrt, aus dem Richtungswinkel und der Entfernung werden die Koordinatenunterschiede berechnet.

Für die folgenden Koordinatenrechnungen ist es zweckmäßig, etwas andere als die gewohnten Bezeichnungen einzuführen, um stets eindeutige Angaben machen zu können. Wenn zwei Punkte A und B in einem Koordinatensystem gegeben sind und ihre Koordinaten die Bezeichnungen x_a, y_a und x_b, y_b haben, sind die Koordinatenunterschiede zwischen beiden Punkten $x_b - x_a$ und $y_b - y_a$. Die Strecke als Entfernung zwischen A und B soll mit AB bezeichnet werden, während (AB) der Richtungswinkel dieser Strecke in der Richtung von A nach B gegen die Abszissenachse x ist. Die im Schulunterricht übliche Richtung der x-Achse und der Drehsinn der Richtung entgegen dem Uhrzeigersinn soll hier beibehalten werden, obwohl im Vermessungswesen andere Voraussetzungen gelten, wie später in Kap. 4.2.2 geschildert wird. Die entgegengesetzte Richtung von B nach A wird mit (BA) bezeichnet und steht mit (AB) in folgendem Zusammenhang:

$$(BA) = (AB) \pm 180^\circ.$$

Welches der Vorzeichen gewählt werden muß, ergibt sich bei der Rechnung, denn der Richtungswinkel kann niemals über 360° betragen. Wenn also $(AB) > 180^\circ$ ist, muß das Minuszeichen gewählt werden.

4.2 Der Vorwärtsabschnitt (Die Koordinaten der Schule)

Wenn mit der kleinen Triangulation (3.6) das Vertrauen zum Instrument und zur eigenen Messung gewonnen ist, läßt sich diese Übung erweitern, indem der Turm der Schule, die Fahnenstange oder ein Blitzableiter von den drei Eckpunkten des Dreiecks angezielt werden. Dabei kann gezeigt werden, wie die Lage eines hochgelegenen Punktes durch den sogenannten Vorwärtsabschnitt festgelegt wird. Einer der Dreieckspunkte wird dann als Koordinaten-Nullpunkt und eine Seite als eine der Koordinatenachsen ausgewählt.
Diese Aufgabe läßt sich aber auch im größeren Rahmen lösen, wenn die Koordinaten der Schule von zwei, oder besser drei nach Koordinaten bekannten Punkten ausgehend bestimmt werden. Die Koordinaten dreier Punkte, z. B. Wegekreuze, von denen aus der hochgelegene Punkt gesehen werden kann, lassen sich aus einer Karte herausgreifen.
Interessanter kann diese Übung gestaltet werden, wenn Verbindung mit einer örtlichen Vermessungsbehörde aufgenommen wird, um dort die Koordinaten dreier Punkte zu erfragen. Auf diese Weise werden die tatsächlichen Koordinaten der Schule bestimmt. Die Wahl der Punkte ist vorteilhaft so vorzunehmen, daß sie untereinander gesehen werden können. Diese Forderung ist jedoch nicht Bedingung, wenn von jedem Theodolitstandpunkt aus der Neupunkt und wenigstens ein weiterer Festpunkt gesehen werden kann, dessen Koordinaten bekannt sind. An sich genügen theoretisch zwei Standpunkte zur Einmessung des Zieles, es sollen jedoch

Kontrollmessungen vorgenommen werden, damit immer zwei unabhängige Punktbestimmungen möglich sind.

Wenn die Sicht von A nach B behindert ist, kann ein nach Koordinaten bekannter Punkt F die Anschlußrichtung in den Stationspunkten A und B geben.

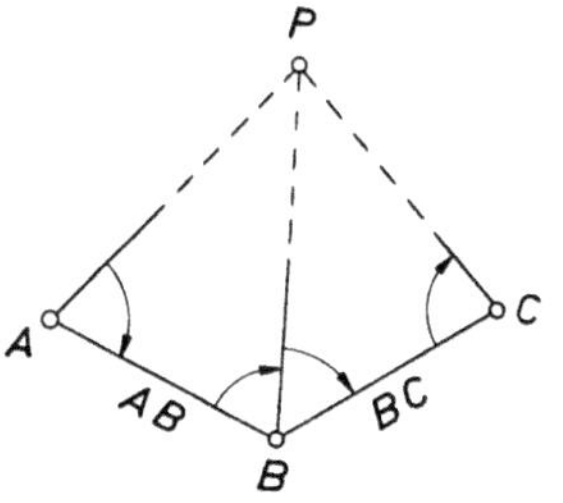

Abb. 19.
Vorwärtsabschnitt

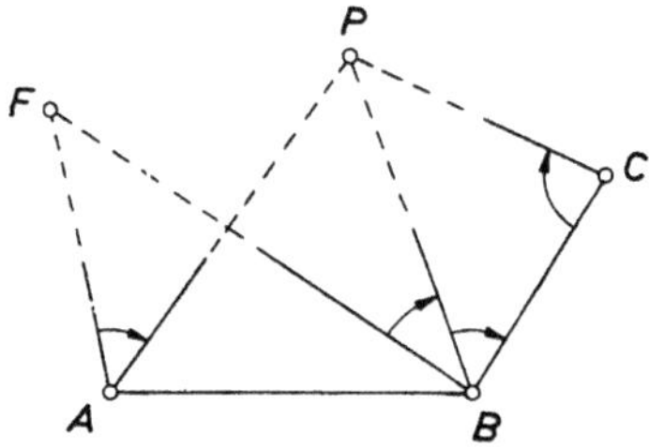

Abb. 20. Vorwärtsabschnitt bei Sichtbehinderung zwischen A und B

Die Messung besteht darin, den Winkel zwischen einem Anschlußpunkt und dem Zielpunkt zu bestimmen. Die notwendigen Anschlußrichtungen und Entfernungen werden aus den Koordinaten der bekannten Stationspunkte gerechnet.

4.2.1 Graphische Lösung des Vorwärtsabschnittes

Die Standpunkte werden mit ihren Koordinaten in ein vorbereitetes Gitternetz eingetragen. Das Antragen der gemessenen Winkel bietet keine Schwierigkeiten, der Schnittpunkt der Strahlen ist der gesuchte Punkt.

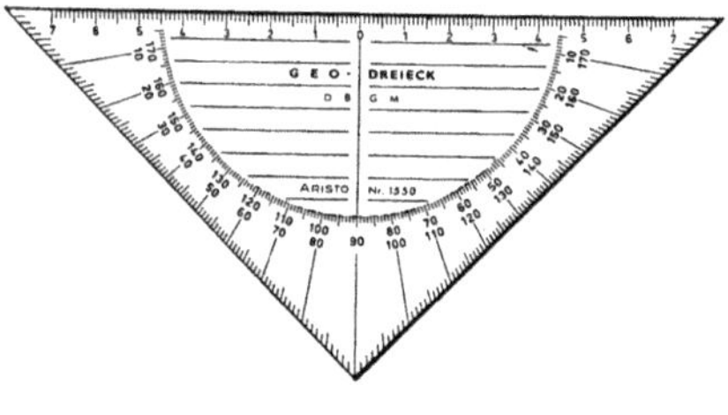

Abb. 21. Das Geo-Dreieck

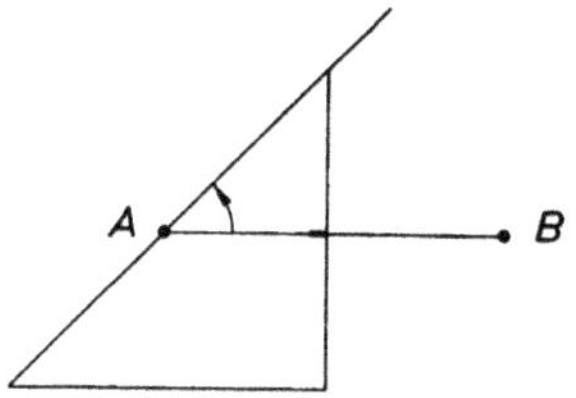

Abb. 22. Anlegen des Geo-Dreiecks

Ein äußerst praktisches Zeichengerät für derartige Konstruktionen ist das ARISTO-Geo-Dreieck, dessen Gebrauch aus Abb. 22 zu ersehen ist.

Das Geo-Dreieck wird mit seiner Hypotenuse so an die Strecke AB angelegt, daß der Nullpunkt der Teilung in A liegt. Dann wird das Dreieck um A gedreht, bis an der Strecke AB der gemessene Winkel abgelesen werden kann. Die Hypotenuse zeigt dann in die gesuchte Richtung, so daß diese gezeichnet werden kann.

Mit einmaligem Anlegen an die Basis kann die Richtung und gegebenenfalls auch die Strecke abgetragen werden. Dieses Dreieck wird sich auch bei späteren Übungen, wenn Polarkoordinaten angetragen werden sollen, besonders bewähren.

4.2.2 Rechnerische Lösung des Vorwärtsabschnittes

Für die Benutzung von Koordinaten einer Vermessungsbehörde ist zu beachten, daß im Vermessungswesen alle Richtungswinkel von Norden aus im Sinne des Uhrzeigers gerechnet werden und daß die x-Achse nach Norden, die y-Achse nach Osten zeigt (Rechtssystem). Um keine Verwirrungen zu stiften, soll in der Schule am gewohnten mathematischen System (Linkssystem) festgehalten werden. Bei Verwendung von Koordinaten eines Vermessungsamtes brauchen nur die Werte x und y vertauscht zu werden.

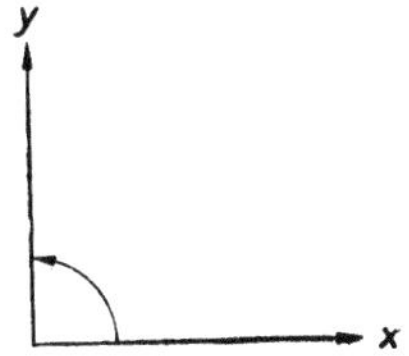

Abb. 23a. Mathematisches Koordinatensystem

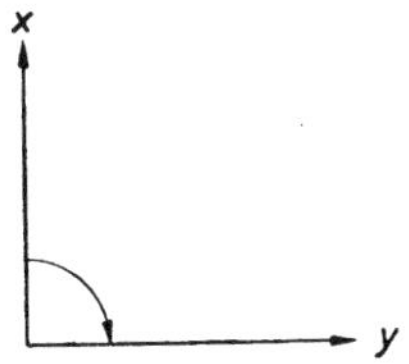

Abb. 23b. Geodätisches Koordinatensystem

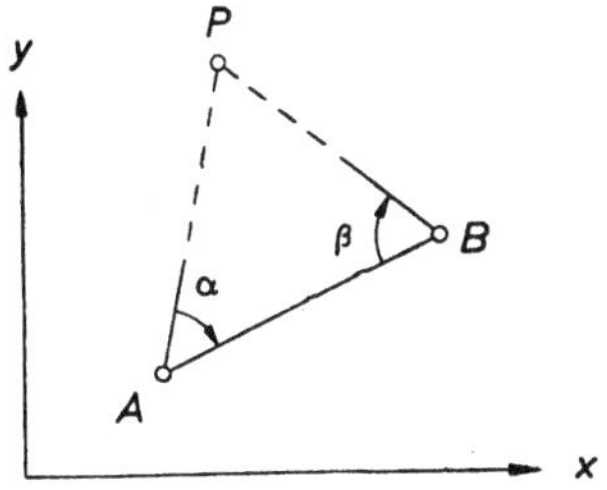

Abb. 24. Einfacher Vorwärtsabschnitt

Aus den gegebenen Koordinaten der Punkte A und B wird zunächst der Richtungswinkel (AB) gerechnet:

$$\operatorname{tg}(AB) = \frac{y_b - y_a}{x_b - x_a}.$$

Ferner ist

$$AB = \frac{y_b - y_a}{\sin(AB)} = \frac{x_b - x_a}{\cos(AB)}$$

Richtung $(AP) = (AB) + \alpha$ und $(BP) = (BA) - \beta$

$$(BA) = (AB) \pm 180°.$$

Im Standpunkt B ist der Drehsinn von A nach P negativ, also ist β negativ einzusetzen.

4.2.3 Übungsaufgabe

Gegeben sind die Koordinaten der Stationspunkte A und B, sowie die gemessenen Winkel α und β.

$x_a = 5390$	$y_a = 3425$	$\alpha = 46{,}3°$	$\gamma = 180° - 111° = 69{,}0$
$x_b = 6244$	$y_b = 3613$	$\beta = 64{,}7°$	
$x_b - x_a = +854$	$y_b - y_a = +188$	$\alpha + \beta = 111{,}0°$	

Gesucht sind die Koordinaten von Punkt P.

4.2.3.1 *Rechnung mit dem Rechenstab*

Zunächst werden nach den obigen Gleichungen die Richtung und Entfernung von A nach B berechnet:

$$\operatorname{tg}(AB) = \frac{188}{854}; \quad (AB) = 12{,}43°$$

$$AB = \frac{188}{\sin 12{,}43°} = \frac{854}{\cos 12{,}43°} = 874$$

Mit dem Rechenstab ARISTO-Scholar ist für diese Rechnung nur eine Zungeneinstellung nötig. Um den Richtungswinkel (AB) sofort auf der Skala T ablesen zu können, wird die Division als Multiplikation mit der Reziprokskala CI in der Form $188 \cdot \frac{1}{854}$ ausgeführt, dann kann der Winkel 12,43° unter dem Wert 854 in Skala T abgelesen werden und der Wert 188 ist noch für die Weiterrechnung eingestellt, denn aus der Gleichung $AB = \frac{y_b - y_a}{\sin(AB)}$ läßt sich die Proportion $\frac{y_b - y_a}{1} = \frac{\sin(AB)}{1/AB}$ bilden. Wenn also der Läufer über denselben Winkel 12,43° in Skala S gestellt wird, steht die Strecke $AB = 874$ in Skala CI.

Damit sind alle Voraussetzungen zur Berechnung des Vorwärtseinschneidens gegeben. Nach dem Sinussatz lassen sich die Seiten AP und BP des Dreiecks mit einer Einstellung der Zunge rechnen; wenn 874 in Skala C über 69,0° in Skala S gestellt wird, werden die Entfernungen gleichfalls in Skala C abgelesen, wenn mit dem Läufer die Winkel in Skala S eingestellt werden.

$$\frac{\sin 69{,}0°}{874} = \frac{\sin 46{,}3°}{BP} = \frac{\sin 64{,}7°}{AP}$$

$$BP = 677{,}5, \qquad AP = 847$$

Ferner ist

$$(AP) = (AB) + \alpha = 12{,}43° + 46{,}3° = 58{,}73°$$

$$(BP) = (BA) - \beta = 192{,}43° - 64{,}7° = 127{,}73°$$

Mit den jetzt bekannten Werten lassen sich die Koordinatenunterschiede zwischen den Punkten A und P sowie B und P errechnen. Der Sinussatz für das rechtwinklige Dreieck gibt die schnellste Lösung:

$$\frac{y_p - y_a}{\sin 58{,}73} = \frac{AP}{\sin 90°} = \frac{847}{1} \qquad \frac{x_p - x_a}{\cos 58{,}73°} = \frac{847}{1}$$

$$\frac{y_p - y_b}{\sin 127{,}73} = \frac{678}{1} \qquad \frac{x_p - x_b}{\cos 127{,}73} = \frac{678}{1}$$

Bei der Rechnung mit dem Rechenstab wird die Strecke AP bzw. BP in der Zungenskala C über den Wert 1 der Skala D gestellt und nacheinander der Läufer zum Sinus und Kosinus des Richtungswinkels (AP) bzw. (BP) in Skala S verschoben. In Skala C kann dann jeweils der Koordinatenunterschied abgelesen werden. Schließlich werden die errechneten Koordinatenunterschiede nur noch zu den gegebenen Koordinaten der Punkte A und B addiert.

$x_p - x_a = +\ 440,$	$y_p - y_a = +\ 724,$	$x_p - x_b = -\ 414,$	$y_p - y_b = +\ 536$
$x_a = +\ 5390$	$y_a = +\ 3425$	$x_b = +\ 6244$	$y_b = 3613$
$x_p = +\ 5830$	$y_p = +\ 4149$	$x_p = +\ 5830$	$y_p = 4149$

Der Rechenstab-Rechnung sei die entsprechende logarithmische Rechnung gegenübergestellt. Es lohnt sich, beide Rechnungen auszuführen, um den Zeitbedarf und die Rechensicherheit vergleichen zu können.

4.2.3.2 *Logarithmische Rechnung*

$$\operatorname{tg}(AB) = \frac{188}{854} \qquad AB = \frac{188}{\sin(AB)} = \frac{854}{\cos(AB)}$$

188	2,27416	
854	2,93146	−
tg (AB)	9,34270	

$(AB) = 12{,}42°$
$(BA) = 192{,}42°$

188	2,27416
sin 12,42°	9,33242
	2,94174

$AB = 874{,}5$

854	2,93146
cos 12,42°	9,98972
	2,94174

$AB = 874{,}5$

$$BP = \frac{\sin 46{,}3°}{\sin 69{,}0°} \cdot 874{,}5 \qquad AP = \frac{\sin 64{,}7° \cdot 874{,}5}{\sin 69{,}0}$$

874,5	2,94174	
sin 69,0°	9,97015	−
	2,97159	
sin 46,3°	9,85912	+
	2,83071	

$BP = 677{,}2$

	2,97159	
sin 64,7°	9,95621	+
	2,92780	

$AP = 846{,}8$

$(AB) =$	12,42°
α	46,3°
$(AP) =$	58,72°

$(BA) =$	192,42°
$-\beta =$	64,7°
	127,72°

$y_p - y_a = 846{,}8 \sin 58{,}72°$ $\qquad$ $x_p - x_a = 846{,}8 \cos 58{,}72°$

sin 58,72°	9,931 77	2,859 57	$y_p - y_a = 723{,}7$
846,8	2,927 80		
cos 58,72°	9,715 39	2,643 19	$x_p - x_a = 439{,}7$

$y_p - y_b = 677{,}2 \sin 127{,}72°$ $\qquad$ $x_p - x_b = 677{,}2 \cos 127{,}72°$

sin 127,72°	9,898 20	2,728 91	$y_p - y_b = 535{,}7$
677,2	2,830 71		
cos 127,72°	9,786 58	2,617 29	$x_p - x_b = -414{,}3$

$x_a = 5390$	$y_a = 3425$	$x_b = 6244$	$y_b = 3613$
$x_p - x_a = 439{,}7$	$y_p - y_a = 723{,}7$	$x_p - x_b = -414{,}3$	$y_p - y_b = 535{,}7$
$x_p = 5829{,}7$	$y_p = 4148{,}7$	$x_p = 5829{,}7$	$y_p = 4148{,}7$

Die Übereinstimmung mit der Rechenstabrechnung spricht für sich.

4.3 Das Rückwärtseinschneiden

Ein Vorwärtsabschnitt läßt sich nicht durchführen, wenn der Zielpunkt P von A und B aus nicht zu sehen ist. Vielfach sind aber einige hochgelegene Punkte (Türme, Schornsteine), deren Koordinaten sich beschaffen lassen, vom Punkt P des Schulgeländes aus zu sehen. Drei nach Koordinaten bekannte Punkte werden unbedingt benötigt, weitere Punkte können als Kontrolle dienen. Die Messung besteht darin, daß vom Theodolit-Standpunkt aus die Winkel zwischen den sichtbaren Punkten gemessen werden.

gegeben: Die Koordinaten der Punkte A, B und C sowie die gemessenen Winkel α und β.

gesucht: Die Koordinaten des Punktes P.

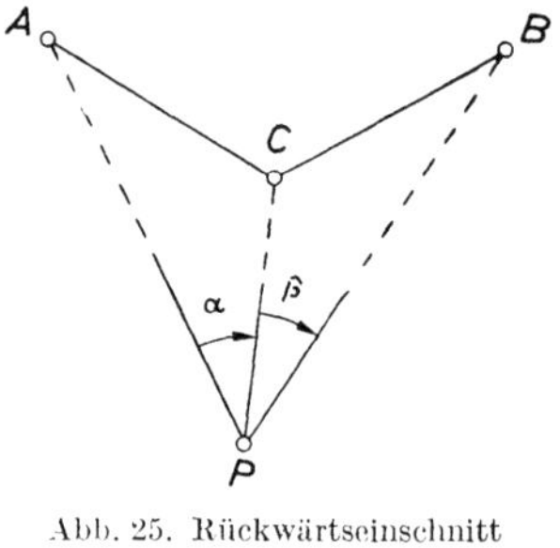

Abb. 25. Rückwärtseinschnitt

4.3.1 Graphische Lösung des Rückwärtseinschneidens

Für diese Aufgabe gibt es viele verschiedene Lösungen; die einfachste zeichnerische Lösung besteht darin, die gemessenen Winkel als Strahlen auf transparentes Papier zu zeichnen und durch Verschieben des transparenten Papiers über die in ein Gitternetz eingetragenen Festpunkte A, B und C zu erreichen, daß jeder Strahl des Strahlenbüschels durch seinen zugehörigen Punkt hindurchgeht. Der Schnittpunkt der Strahlen gibt dann die Lage des gesuchten Punktes an und braucht nur mit einer Nadel durchstochen zu werden. Eine weitere graphische Lösung wird in der folgenden Ableitung für die Koordinatenrechnung geschildert.

4.3.2 Koordinatenrechnung eines Rückwärtseinschnittes

Aus der Vielzahl der möglichen rechnerischen Lösungen sei auch hier wieder nur eine angegeben, die den Vorzug der Anschaulichkeit hat und ohne langwierige Ableitungen von Hilfswinkeln gefunden wird. Mit Hilfe des *Collins*schen Hilfspunktes Q wird diese Aufgabe auf den bereits behandelten Vorwärtsabschnitt zurückgeführt.

Denkt man sich einen Kreis durch die Punkte A, B und den noch unbekannten Punkt P gezeichnet, dann schneidet die Verlängerung der Geraden PC den Kreis im Hilfspunkt Q. Als Peripheriewinkel über der gleichen Sehne sind die Winkel $\sphericalangle\, APQ$ und $\sphericalangle\, ABQ$ über AQ gleich α sowie die Winkel $\sphericalangle\, QPB$ und $\sphericalangle\, QAB$ über BQ gleich β. Mit den Winkeln α und β kann der Hilfspunkt Q als Vorwärtsabschnitt von den Punkten A und B aus gerechnet werden, wenn vorher die Strecke AB und die Richtungen (AB) und (BA) aus Koordinaten gerechnet worden sind.

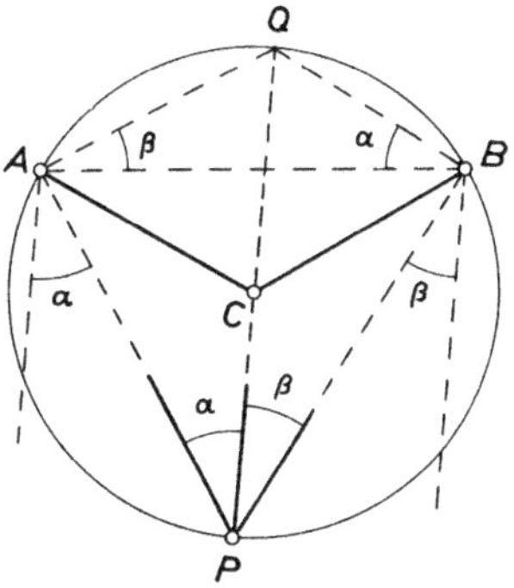

Abb. 26. Rückwärtseinschnitt nach *Collins*

$(AQ) = (AB) + \beta$ und $(BQ) = (BA) - \alpha$ sind die Richtungen, mit denen die Koordinaten des Punktes Q nach der Berechnung der Seiten AQ und BQ errechnet werden (vgl. 4.2.3).

$$\sphericalangle\, AQB = 180^\circ - (\alpha + \beta)$$
$$(QA) = (AQ) \pm 180^\circ$$
$$(QB) = (BQ) \pm 180^\circ$$

Aus den Koordinaten der Punkte Q und C läßt sich der Richtungswinkel $(QC) = (QP)$ berechnen, und wenn die Differenzen der Richtungen $(QP) - (QA)$ und $(QB) - (QP)$ gebildet werden, lassen sich alle Winkel in den Dreiecken APQ und BPQ bestimmen, mit denen durch Anwendung des Sinussatzes die Strecken AP, QP und BP berechnet werden können. Nach der einfachen Berechnung der Richtungswinkel $(AP) = (QP) + \alpha$ und $(BP) = (QP) - \beta$ läßt sich der gesuchte Punkt P durch Vorwärtsabschnitt von den Punkten A, B und Q aus berechnen. Diese Aufgabe ist dann wieder mit der unter 4.2 beschriebenen Lösung identisch.

Die Berechnung der Richtungen (AP) und (BP) läßt sich aus Abb. 26 ablesen, wenn durch A und B Parallele zu PQ gezeichnet werden; oder auch umständlicher ableiten: $(PQ) = (QP) \pm 180^\circ$, $(PA) = (PQ) + \alpha$, $(AP) = (PQ) + \alpha \pm 180^\circ = (QP) + \alpha$. Die Richtung (BP) wird analog entwickelt.

Die entsprechende graphische Lösung findet man durch Antragen von α und β an die Strecke AB und Konstruktion des Kreises über AQ und BQ mit Hilfe der Mittelsenkrechten. P ist der Schnittpunkt der Verlängerung von QC mit dem Kreis.

4.4 Der Doppelpunkt (Hansensche Aufgabe)

Sind nur zwei nach Koordinaten bekannte Hochziele A und B von zwei Punkten P und Q des Schulgeländes aus zu sehen, dann können die Koordinaten der Punkte P und Q gerechnet werden, wenn die vier Winkel α, β, γ und δ in den Punkten P und Q gemessen werden.

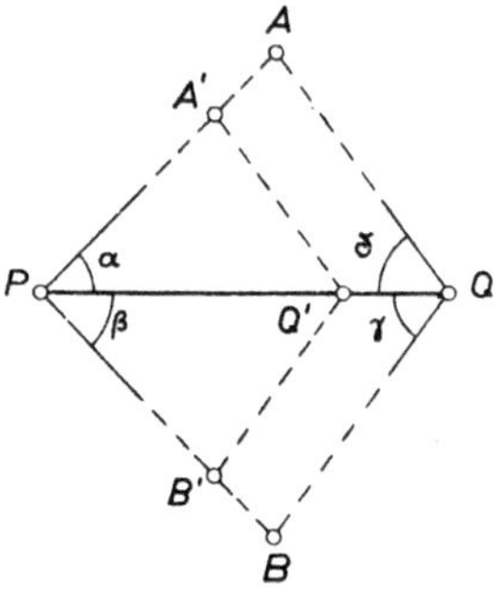

Abb. 27. Doppelpunkt

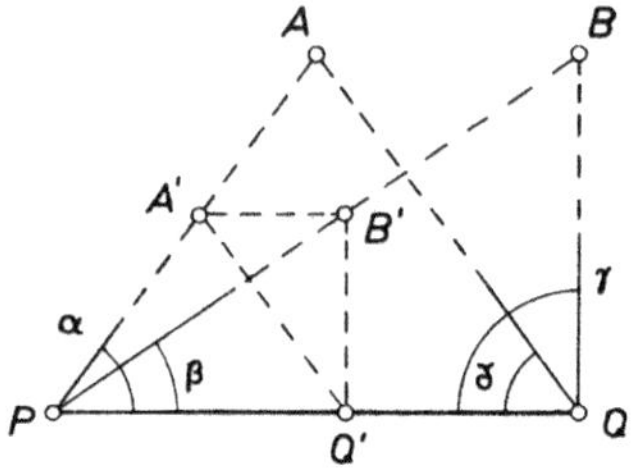

Abb. 28. Doppelpunkt mit anderer Punktanordnung

Da die Winkel bei den Punkten A und B unbekannt sind, läßt sich der Sinussatz nicht ohne weiteres anwenden. Zur Berechnung dieser Winkel wird die Länge der Strecke PQ beliebig angenommen, dann können in der ähnlichen Figur $PA'Q'B'$ durch Vorwärtsabschnitt alle Stücke berechnet werden. Praktisch wird gleich mit Koordinaten gerechnet, und zwar gibt man den Punkten P und Q beliebige Koordinaten. Um die Rechnung zu vereinfachen, wird P zum Koordinaten-Nullpunkt $P\,(0; 0)$ gemacht und $Q\,(0, a)$ auf die x-Achse gelegt. In diesem Hilfssystem werden zunächst die Koordinaten der Punkte A' und B' bestimmt, dann ergeben sich daraus die Richtungen $(A'P)$, $(A'B')$ und $(A'Q')$ sowie die entsprechenden Richtungen $(B'Q')$ und $(B'P)$, deren Differenzen die gesuchten Winkel $\sphericalangle PA'B'$, $\sphericalangle B'A'Q'$, $\sphericalangle Q'B'A'$ und $\sphericalangle A'B'P$ ergeben. Diese Winkel sind den entsprechenden Winkeln in dem Viereck $PAQB$ gleich (ähnliche Figuren). Die Richtungswinkel (AB) und (BA) sowie die Strecke AB ergeben sich aus den bekannten Koordinaten dieser Punkte; somit lassen sich alle weiteren Stücke nach dem Sinussatz berechnen, mit denen über der Strecke AB die beiden Punkte P und Q durch Vorwärtsabschnitt bestimmt werden. Eine wertvolle Kontrolle ergibt sich, wenn die Entfernung zwischen den Punkten P und Q gemessen werden kann, denn die aus den Koordinaten von P und Q errechnete Strecke muß den gleichen Wert ergeben.

Je nach den gegebenen Voraussetzungen wird sich also immer die Möglichkeit ergeben, im Schulgelände geeignete Punkte nach Koordinaten festzulegen, die als Anschlußpunkte für weitere Übungen dienen können.

5. Der Lageplan des Schulgeländes

Wenn eine Fläche mit Begrenzung und Bebauung in einer Karte dargestellt werden soll, kommt es darauf an, so geschickt vorzugehen, daß möglichst wenig Zeit für die Vermessung und die anschließende Auswertung benötigt wird.

Im allgemeinen wird die Aufgabe darauf hinauslaufen, daß ein Polygonzug um das Gelände herum gelegt wird, und zwar dicht an der Grenze entlang, um die rechtwinklige Aufmessung der Grenzen (Mauern, Hecken) und Gebäude auf die Polygonseiten zu vereinfachen. Der Polygonzug ist im wesentlichen nichts anderes als eine Erweiterung der unter 3.6 dargestellten Dreiecksmessung; die Anzahl der Strecken und Winkel ist größer, und die Koordinatenrechnung im Anschluß an die Messung verursacht mehr häusliche Rechenarbeit. Mitunter wird die Einmessung von Gebäuden vereinfacht, wenn eine gerade Verbindungslinie (Messungslinie) zwischen zwei beliebige Punkte zweier Polygonseiten gelegt wird.

Ein Polygonzug wird zweckmäßig als geschlossenes Polygon zum Anfangspunkt zurückgeführt oder aber an bereits bekannte Punkte angeschlossen und abgeschlossen, damit unmittelbar an die Messung eine Kontrolle der Winkelmessungen gerechnet werden kann, die sich aus der Winkelsumme im Polygon oder aus der Anschlußrichtung und Abschlußrichtung ergibt.

5.1 Rechtwinklige Aufmessung

Die rechtwinklige Aufmessung besteht darin, daß von den markanten Eckpunkten (Grenzpunkten, Gebäudeecken usw.) das Lot auf die Polygonseite oder Messungslinie gefällt wird. Dazu benutzt man in der Praxis ein Winkelprisma mit Schnurlot, welches mittels Theodolit oder auch zwischen zwei Fluchtstäben mit bloßem Auge eingefluchtet wird; man bewegt sich dann mit dem Prisma so lange auf der Messungslinie entlang, bis der einzumessende Punkt, über das Prisma hinweggesehen, sich mit dem Bild eines in der Messungslinie stehenden Fluchtstabes im Prisma deckt. Die Lotlänge und die Lage dieses Lotfußpunktes auf der Messungslinie werden mit einem Meßband gemessen.

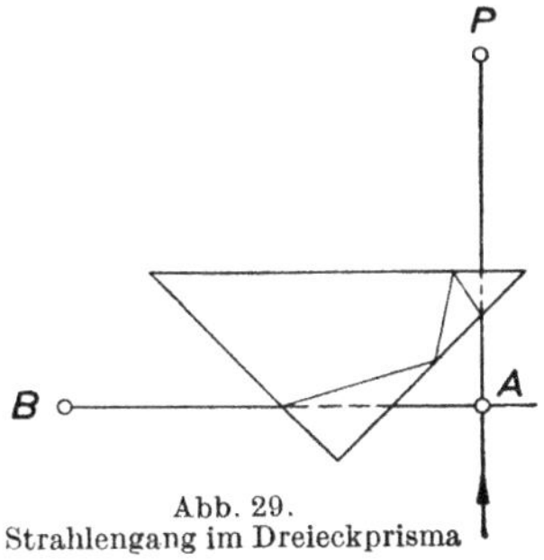

Abb. 29.
Strahlengang im Dreieckprisma

Ein Prisma wird vielfach nicht zur Verfügung stehen, dann kann man folgendermaßen verfahren:

Mehrere beliebige Punkte der Messungslinie werden mit dem Theodolit eingefluchtet und auf dem Boden markiert. Dann benutzt man eine mit

Kreide eingeriebene Schnur, spannt diese über die Markierungen und zieht durch Zurückschnellen der Schnur eine gerade Kreidelinie im Gelände. Ein Meßband wird mit dem Nullpunkt in dem einzumessenden Punkt angehalten und durch Bogenschlag das kürzeste Maß für den Schnitt des Meßbandes mit der markierten Messungslinie bestimmt, dort liegt auch der Lotfußpunkt. Dieser Punkt wird markiert und die Lotlänge notiert. Alle Lotfußpunkte werden bei der Streckenmessung entlang der Messungslinie mit eingemessen und die Maße in eine Skizze eingetragen, desgleichen die Längen der Lote. Die zweite Methode arbeitet ungenauer, weil die Lage des Lotfußpunktes in der Richtung der Messungslinie unsicher ist.

Die Längsseiten der Gebäude können auch durch Verlängern in die Messungslinien eingebunden werden. Diese Schnittpunkte mit den Messungslinien werden bei der Längenmessung mit abgelesen. Abb. 30 zeigt eine Darstellung der rechtwinkligen Aufmessung.

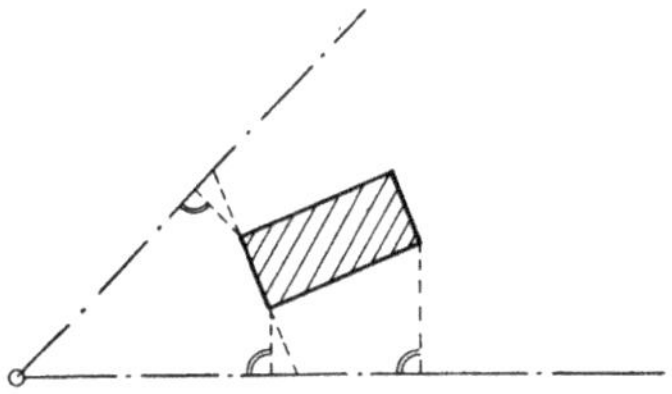

Abb. 30. Orthogonale Aufmessung

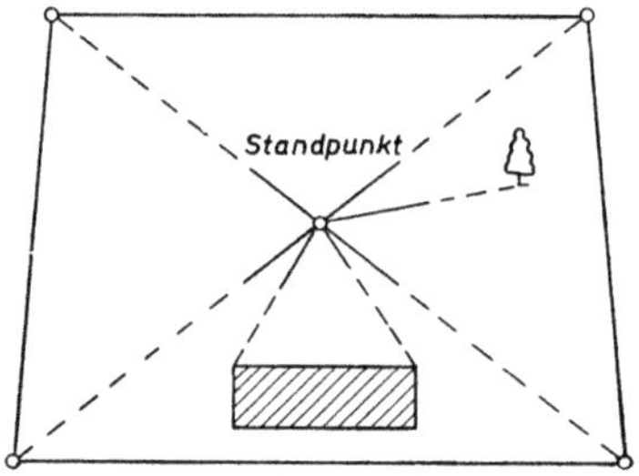

Abb. 31. Polare Aufmessung

5.2 Polare Aufmessung

Im Innern eines Schulhofes wird vielfach die polare Aufmessung vorteilhafter sein. Der Theodolit wird etwa in die Mitte des Schulhofes gestellt, und die Eckpunkte der Gebäude, Bäume, Sportanlagen, Schulgarten usw. werden durch Winkelmessungen und Streckenmessungen festgelegt. Ein markanter Punkt gibt dabei die Ausgangsorientierung für die Zielrichtungen. Die Entfernungsmessungen mit einem Bandmaß sind in diesem Falle zeitraubend, aus diesem Grunde ist für diese Methode die optische Streckenmessung besser geeignet.

Da die Gebäude im allgemeinen rechtwinklig gebaut sind, kann die Breite und Länge entlang den Fronten mit dem Meßband gemessen werden. In Abb. 31 ist die Länge eine willkommene Kontrolle für die polare Einmessung der Gebäudeecken. Auch die direkte Messung längs der Grenzen mit dem Meßband ist empfehlenswert, um die Messungen zu kontrollieren und möglichst allen Schülern eine Aufgabe zuzuteilen.

5.3 Auswertung der Messungen

Je nach dem Ausbildungsstand der Klasse lassen sich im Anschluß an diese Übung verschiedene Auswertungen durchführen.

Die zeichnerische Darstellung dieser Messungen dürfte im allgemeinen keine großen Schwierigkeiten bieten, denn die Handhabung von Maßstab, Dreieck und Winkelmesser kann als bekannt vorausgesetzt werden. Allein die Orientierung der Zeichnung zur Nordrichtung muß noch gefunden werden. Dazu genügt es, wenn kein Anschluß an eine vorher durchgeführte Triangulation möglich ist, eine Richtung gegen Nord mit einer Bussole oder mit einem Marschkompaß festzulegen, oder aber eine astronomische Messung anzuschließen (s. S. 63). Für die Kartierung einer polaren Aufnahme kann man das Geodreieck mit Vorteil verwenden, weil die Richtung und Strecke für jeden Punkt mit einmaligem Anlegen gezeichnet werden.

Rechnerisch können nach den Methoden der analytischen Geometrie Koordinaten bestimmt werden, indem einer der Polygonpunkte als Koordinaten-Nullpunkt angenommen wird. Auch die links und rechts der Messungslinie liegenden rechtwinklig aufgemessenen Punkte lassen sich rechnerisch erfassen. Die Koordinaten aller Punkte werden dann anschließend in ein vorbereitetes Gitternetz eingetragen. Auch eine Flächenberechnung aus Koordinaten läßt sich anschließen, wenn man den Zeitaufwand nicht scheut, um einen Vergleich für graphisch ermittelte Flächen zu erhalten. Zur graphischen Flächenbestimmung wird die gesamte Fläche in lauter regelmäßige Figuren (Dreiecke, Trapeze) zerlegt, deren Fläche auf einfache Weise berechnet werden kann. Die Summe aller dieser Figuren gibt dann die Gesamtfläche. Krummlinig begrenzte Flächen werden durch Auszählung von Quadraten eines über die Zeichnung gelegten transparenten Millimeterpapiers bestimmt. Neuerdings ist das ARISTO-Planimeter-Raster erhältlich, womit die Fläche mit Punkten ausgezählt wird. An Hand der Flächenermittlung läßt sich eine Bewertung des Schulgeländes durchführen, wenn der Preis pro Quadratmeter in der Gegend des Schulgeländes ermittelt wird. Eine Höhenmessung gestattet, den umbauten Raum des Schulgeländes zu errechnen, woraus sich der derzeitige Baupreis ermitteln läßt. Die so zusammenkommenden Summen dürften nicht nur interessant sein, sondern den Schülern auch ein wenig Respekt vor den Investitionen einflößen, die Vater Staat für seine Zöglinge, abgesehen von den laufenden Ausgaben, aufwendet.

6. Höhenmessungen

6.1 Das geometrische Nivellement

Als geometrisches Nivellement wird ein Verfahren bezeichnet, bei dem mit horizontaler Zielachse Höhenunterschiede gemessen werden. Durch die Addition von Höhenunterschieden wird der Gesamthöhenunterschied zwischen weit auseinanderliegenden Punkten bestimmt.
Zwischen zwei Punkten, deren Höhenunterschied gemessen werden soll, wird der Schul-Theodolit aufgestellt und die Zielachse mit der Fernrohrlibelle horizontal gestellt, damit die in den beiden Punkten aufgehaltene Nivellierlatte bei horizontaler Sicht abgelesen werden kann. Die Differenz der beiden Lattenablesungen ist der gesuchte Höhenunterschied.

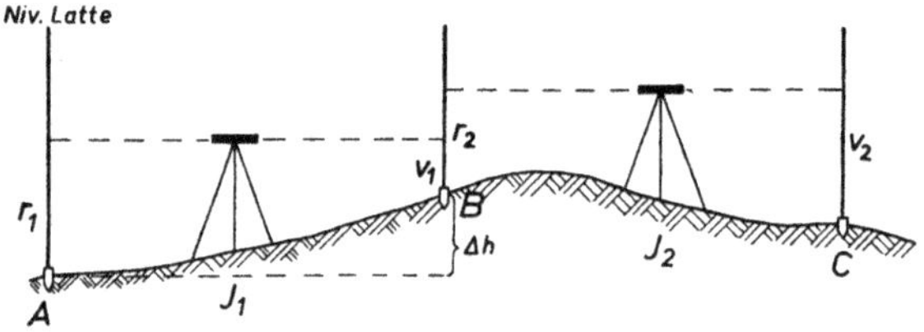

Abb. 32. Messung von Höhenunterschieden mit horizontalen Sichten

In Abb. 32 wird vom Standpunkt I_1 aus beim Ausgangspunkt A die Ablesung r_1 (Rückblick) und bei Punkt B die Ablesung v_1 (Vorblick) gemacht. Dann ist die Differenz $\Delta h_1 = r_1 - v_1$ der Höhenunterschied zwischen den Punkten A und B. Im nächsten Instrumentenstandpunkt I_2 wird erst die Latte im Punkt B angezielt, wo der Rückblick r_2 abgelesen wird, um den Anschluß zu erhalten; darauf gibt die Visur nach Punkt C den Vorblick v_2, und $\Delta h_2 = r_2 - v_2$ ist der Höhenunterschied zwischen den Punkten B und C. Die Summe $\Delta h_1 + \Delta h_2$ ist der Höhenunterschied zwischen den Punkten A und C. So wird durch die Aneinanderreihung vieler Höhenunterschiede auch auf große Entfernungen nivelliert.
Zur Vereinfachung der Ablesung ist die Bezifferung der Latte „auf dem Kopf" stehend angebracht, damit sie im Fernrohrbild aufrecht zu lesen ist. Im Fernrohrbild nimmt dann der Wert der Ablesung von oben nach unten zu. Um Irrtümer zu vermeiden, ist es immer ratsam, zuerst festzustellen, in welcher Richtung die Werte größer werden. Die Latte wird grundsätzlich am Mittelfaden abgelesen. Jedes Feld der Latte ist 1 cm breit, je 5 cm sind in einem sogenannten E-Bild zusammengefaßt, jeder Dezimeter ist

beziffert. Die Zielweiten werden beim Nivellement nicht größer als 50 m gewählt, so daß innerhalb eines Zentimeterfeldes immer noch die Millimeter geschätzt werden können, wenn diese Genauigkeit gefordert wird. Für Geländepunkte genügt die Ablesung der Zentimeter.

6.1.1 Justierung der Libelle

Voraussetzung für ein gutes Nivellement ist die richtige Justierung des Instrumentes, in erster Linie der Libelle. Zu ihrer Kontrolle wird bei einspielender Dosenlibelle der Höhenkreis auf Null gestellt und die Fernrohrlibelle parallel zu zwei Fußschrauben zum Einspielen gebracht. Nach einer halben Drehung des Instrumentes um seine vertikale Achse steht die Libelle wieder parallel zu den beiden Fußschrauben und muß auch wieder einspielen. Zeigt die Libelle in der neuen Lage einen Ausschlag, so wird dieser zur einen Hälfte mit der Justierschraube der Fernrohrlibelle beseitigt, weil die Libelle den doppelten Fehler anzeigt, und anschließend wird die Libelle mit den Fußschrauben zum Einspielen gebracht. Zur Kontrolle wird der Vorgang wiederholt und die Libelle auch nach einer Vierteldrehung des Instrumentes über der dritten Fußschraube zum Einspielen gebracht. Dann muß die Libelle in allen Kreislagen einspielen.

6.1.2 Prüfung der Zielachse

Zur Feststellung, ob die Zielachse des Fernrohres parallel zur Libellenachse ist, wird der Theodolit in die Mitte zwischen zwei Punkte A und B gestellt und der Höhenunterschied dieser zwei Punkte „aus der Mitte“ bestimmt. In diesem Falle spielt nämlich eine Abweichung zwischen Libellenachse und Zielachse keine Rolle, weil mit gleichen Entfernungen bei beiden Lattenablesungen der gleiche Fehler gemacht wird. Bei der Bildung der Differenz fällt der Fehler heraus, womit das

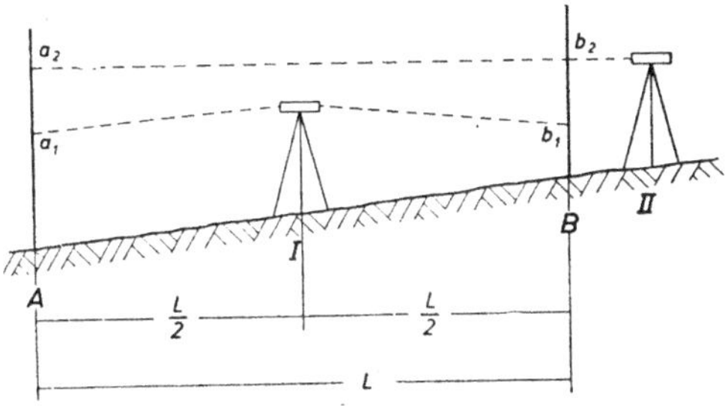

Abb. 33. Prüfung der Zielachse

Ergebnis der Messung fehlerfrei wird. Wird nun der Höhenunterschied zwischen den Punkten A und B von einem anderen Standpunkt aus noch einmal bestimmt, wobei der Standpunkt dicht bei einer der Nivellierlatten gewählt wird, um unterschiedliche Zielweiten zu erhalten, dann wird mit einem justierten Instrument derselbe Höhenunterschied gemessen. Ergibt sich ein wesentlicher Unterschied zwischen den beiden Messungen, muß das Instrument von einem Fachmann neu justiert werden. Kleine Fehler sind ohne Bedeutung, wenn die Zielweiten beim Vorblick und Rückblick nahezu gleichgemacht werden.

6.1.3 Beispiel für ein geometrisches Nivellement

Als Übung wird ein Nivellement längs einer Landstraße vorgeschlagen, dessen Auswertung mit der Zeichnung von Längs- und Querprofilen ein Beispiel für die praktische Anwendung der darstellenden Geometrie bietet. Das Längenprofil wird für die Straßenmitte nivelliert; aus Sicherheitsgründen ist das Instrument jedoch stets am Straßenrand aufzustellen. Die Nivellierlatte wird immer dort aufgehalten, wo sich das Gefälle ändert, und bei gleichbleibendem Gefälle in Abständen von 50 m. In den gleichen Punkten werden senkrecht zur Straßenachse Querprofile aufgenommen.

Das folgende Formular gibt ein Beispiel für die Aufschreibung und Rechnung eines Nivellements. Die Messung beginnt im Punkt *A*, durch den gleichzeitig ein Querprofil gelegt ist. Im Anschluß an den Rückblick nach Punkt *A* sind die Geländepunkte 1 bis 5 des Querprofils und Punkt *B* als Vorblicke beobachtet. Der Rückblick nach Punkt *B* mit 2,53 m ist bereits von dem nächsten Standpunkt aus gemessen.

Punkt Nr.	Rückblick r	Vorblick v	Höhen-unterschied $\Delta h = r - v$	Höhe	Bemerkungen
A	1,73	—	—	14,82	Aus einer Karte entnommen
1	—	2,45	−0,72	14,10	Querprofil durch Punkt *A*
2	—	1,78	−0,05	14,77	
3	—	1,79	−0,06	14,76	
4	—	2,54	−0,81	14,01	
5	—	2,05	−0,32	14,50	
B	2,53	1,01	+0,72	15,54	

Als Ergänzung der im Formular festgehaltenen Messungen wird empfohlen, die örtliche Lage zu skizzieren.

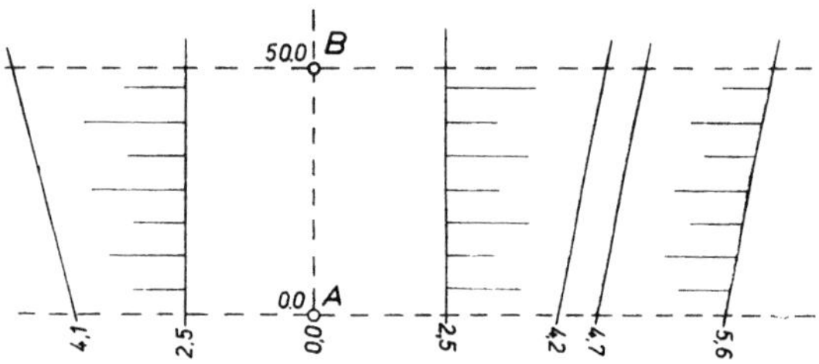

Abb. 34. Lageskizze

Die Rechnung im Formular ist sehr einfach. In der Spalte „Höhenunterschied“ wird jeweils die Differenz $r - v$ gebildet, die in der Spalte „Höhe“ zur Ausgangshöhe von Punkt A addiert wird. Die Anfangshöhe 14,82 m des Punktes A sei aus einer Karte entnommen, sie kann aber auch durch ein Nivellement von einem bekannten Höhenfestpunkt hergeleitet sein. Derartige Höhenfestpunkte findet man allerorts als sogenannte Höhenbolzen, die in Mauern, Haussockeln, Brückenpfeilern usw. einzementiert sind; sie befinden sich meist etwa 50 cm über dem Erdboden. Am Rande der Landstraßen findet man sie in den Kilometersteinen ähnlichen Granitsteinen eingelassen. Die Lage und Höhe dieser Bolzen über Normal-Null kann bei Vermessungsbehörden erfragt werden.

Der Standpunkt des Instrumentes ist beliebig, wird aber so ausgesucht, daß möglichst alle Punkte des Querprofils gesehen werden können, um die Anzahl der Standpunkte klein zu halten.

6.1.4 Zeichnung der Längen- und Querprofile

Längenprofile werden meistens im Maßstab 1 : 1000, ihre Höhen 1 : 100 gezeichnet, Querprofile dagegen nach Länge und Höhe im Maßstab 1 : 100. Im allgemeinen geht man von einer Bezugshöhe aus, die tiefer liegt als der niedrigste Punkt. Im vorliegenden Falle z. B. ist die Höhe 14,0 m zweck-

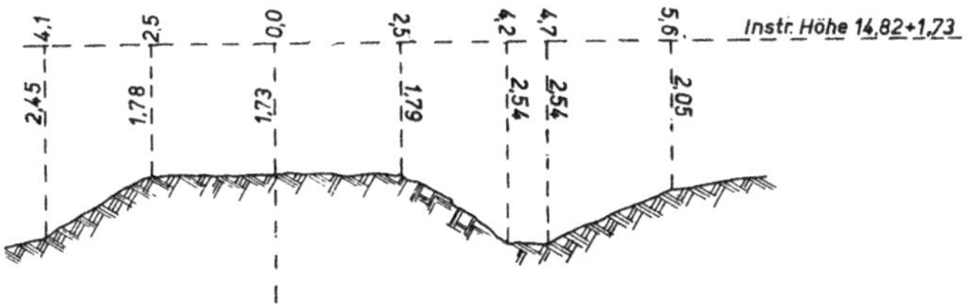

Abb. 35. Querprofil mit Eintragung der Lattenablesungen

mäßig. Zu der horizontal gezeichneten Bezugslinie werden in den Abständen der eingemessenen Punkte die Lote errichtet und darauf die Höhenunterschiede gegen die Bezugslinie abgetragen.

Für die Führung des Feldbuches und auch für die Zeichnung der Querprofile ist noch eine andere Darstellungsart möglich, die ihre Vorteile hat. In diesem Falle geht man von der Höhe der Visierlinie aus, deren Höhe durch den Rückblick gegeben ist (Höhe des Ausgangspunktes + Lattenablesung). Im Feldbuch werden von dieser Linie ausgehend die Lattenablesungen im entsprechenden Abstand von der Straßenachse nach unten abgetragen. Für die Kartierung wird auf Millimeterpapier eine Höhenskala und die Höhe des Instrumentenhorizontes gezeichnet, von wo aus dann die Lattenablesungen nach unten abgetragen werden. Die wirklichen Höhen der einzelnen Punkte können in der Zeichnung auf Millimeterpapier abgelesen werden.

6.1.5 Einteilung der Messung

Zum Nivellement werden eingeteilt:

Gruppe I

1 Beobachter am Instrument

1 Aufschreiber, auch zur Kontrolle der Libelle

1 Lattenaufhalter.

Für die Messung der Strecken werden eingeteilt:

Gruppe II

2 Mann zur Streckenmessung mit dem Meßband

1 Feldbuchführer

2 Mann zum Abstecken der rechten Winkel und zum Ausfluchten der Straßenachse

1 Mann zum Markieren der Profilpunkte.

Während die erste Gruppe den Höhenanschluß besorgt, kann die zweite Gruppe bereits das erste Querprofil vorbereiten und auch die Entfernung zum Punkt *B* ausmessen, damit die Übung fließend vonstatten geht.

Obwohl die Skizzierung der Lattenablesungen gemäß Abb. 35 übersichtlicher ist, wird diese Darstellung dem Anfänger doch weit mehr Schwierigkeiten bereiten als die Grundrißdarstellung und Formularaufschreibung. Aus diesem Grunde und auch weil beide Gruppen getrennt arbeiten können, verdient die Darstellung der Abb. 34 den Vorzug.

6.2 Trigonometrische Höhenbestimmung

Wenn zwischen zwei trigonometrischen Punkten auch der Höhenwinkel (Winkel gegen die Horizontale) gemessen wird, läßt sich der Höhenunterschied aus dem Tangens des Winkels und der bekannten Entfernung leicht berechnen. Derartige Messungen lassen sich im Anschluß an die im Kapitel 4 beschriebenen Messungen eines Vorwärtsabschnitts oder Rückwärtseinschnitts durchführen.

Voraussetzung für die Messung von Höhenwinkeln ist die gute Horizontierung des Theodolits. Um kleine Restfehler der Instrumentenjustierung auszuschalten, ist es erforderlich, den Höhenwinkel in beiden Fernrohrlagen zu messen und anschließend das arithmetische Mittel beider Winkel zu bilden.

Ein Nachteil der trigonometrischen Höhenmessung ist die Unsicherheit der Höhenwinkelmessung bei großen Entfernungen. Durch atmosphärische Veränderungen der Luftschichten in den verschiedenen Höhenlagen entsteht die sogenannte Refraktion, die eine Krümmung des Zielstrahls hervorruft, deren genauer Wert nicht feststellbar ist. Die Refraktion kann zwar durch geeignete Meßanordnungen weitgehend unschädlich gemacht werden, jedoch würden diese Verfahren über den Rahmen dieser Darstellungen hinausgehen. Auch die Erdkrümmung beeinflußt die trigonometrische Höhenmessung bei großen Entfernungen. Beide Fehlerquellen, die unsichere Refraktion und die berechenbare Erdkrümmung, können bei Messungen mit dem Schultheodolit vernachlässigt werden, wenn die Entfernungen nicht zu groß werden.

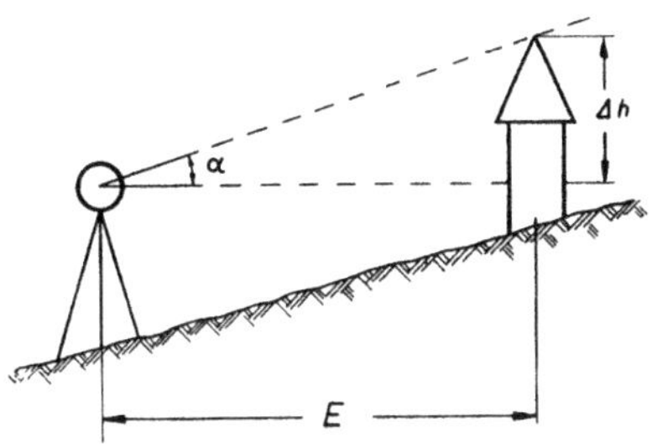

Abb. 36. Trigonometrische Höhenmessung

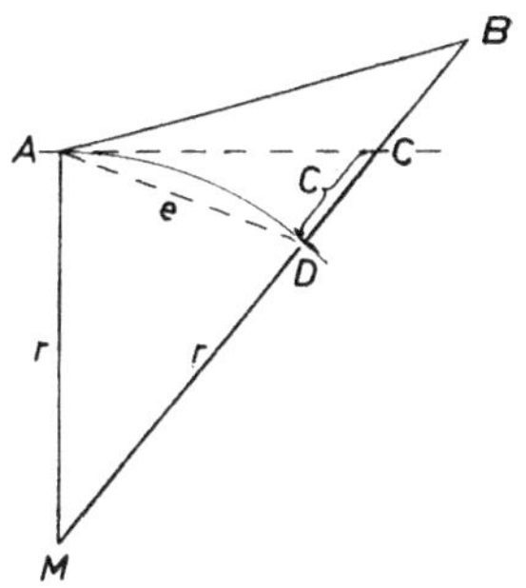

Abb. 37. Einfluß der Erdkrümmung

Um aber diese Vernachlässigung begründen zu können, ist es erforderlich, zu untersuchen, wie groß die Fehler durch die Vernachlässigung der Erdkrümmung und Refraktion werden. Zunächst werde nur der Einfluß der Erdkrümmung an Hand der Abb. 37 untersucht.

Von A aus soll die Höhe des Punktes B über D bestimmt werden. Der Einfachheit halber sollen die Punkte A und D im Meereshorizont liegen.

AC sei die horizontale Sicht, dann ist $MC = r + c$. Die Messung wird um den Betrag $CD = c$ verfälscht.

$AC \approx AD \approx e$, weil $\sphericalangle CAD$ sehr klein ist.

Genähert gilt daher in dem rechtwinkligen Dreieck AMC:

$$e^2 + r^2 \approx (r + c)^2 = r^2 + 2\,cr + c^2 \text{ (Pythagoras-Satz)}$$

$$e^2 \approx 2\,cr + c^2$$

$$e^2 \approx c \cdot (2\,r + c) \approx c \cdot 2\,r,$$

weil das c in der Klammer gegen den doppelten Erdradius sehr klein ist und vernachlässigt werden kann.

$$c \approx \frac{e^2}{2\,r}.$$

Auf Grund dieser Gleichung kann eine Tabelle für c mit dem Erdradius $r = 6380$ km errechnet werden:

e	1000 m	2000 m	3000 m	4000 m	5000 m	10000 m
c	0,1	0,3	0,7	1,3	2,0	8
m_h	0,9	1,8	2,6	3,5	4,4	9

Da mit dem Kleintheodolit allenfalls eine Genauigkeit der Winkelmessung von 0,05° erzielt wird, muß bei den in der Tabelle angegebenen Entfernungen mit einem Fehler m_h der Höhenbestimmung gerechnet werden (letzte Zeile der Tabelle). Dieser Wert m_h ist für Entfernungen bis zu 5 km immer noch wesentlich größer als der sich aus der Erdkrümmung ergebende Fehler.

Der Einfluß der Refraktion ist dem Betrag nach kleiner als c und wirkt in entgegengesetzter Richtung, so daß der aus der Erdkrümmung und Refraktion entstehende Fehler erst recht vernachlässigt werden kann.

Im Anschluß an die kleine Triangulation (3.6) kann ohne nennenswerten Einfluß der obengenannten Fehlerquellen die Höhe des Schulgebäudes bestimmt werden, indem der Höhenwinkel zum Dach der Schule gemessen wird. In den Rahmen dieser Übungen fällt auch die Bestimmung von Turmhöhen und Baumhöhen. In diesem Falle muß die Spitze und der Fußpunkt des Turmes angezielt werden. Die Höhe des Turmes ergibt sich dann aus der Differenz beider Höhenbestimmungen:

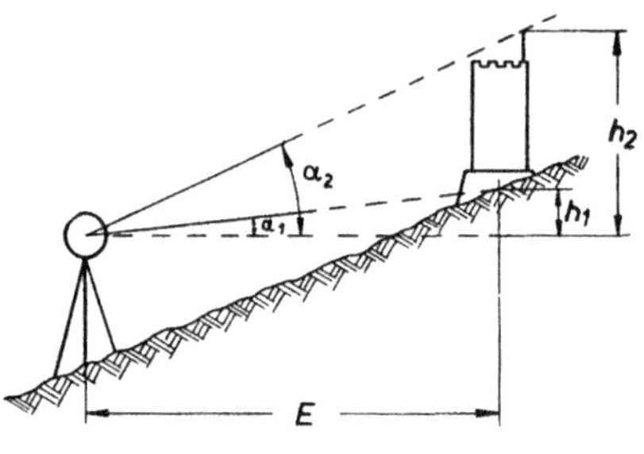

Abb. 38. Messung einer Turmhöhe

$$h_2 = E \cdot \text{tg}\, \alpha_2$$
$$h_1 = E \cdot \text{tg}\, \alpha_1$$
$$h_2 - h_1 = \Delta h = E \cdot (\text{tg}\, \alpha_2 - \text{tg}\, \alpha_1)$$

6.2.1 Beispiel einer Turmhöhenmessung

Zur Bestimmung der Turmhöhe muß die Entfernung vom Theodolit bis zum Turm bekannt sein, sie kann entweder trigonometrisch durch Vorwärtsabschnitt, optisch durch Anzielen einer Nivellierlatte am Fuß des Turmes oder direkt mit dem Meßband bestimmt werden. Bei großen Entfernungen (Berggipfel) wird die Entfernung am besten einer Karte entnommen.

Gegeben:

$E = 63{,}1$ m

$\alpha_1 = 4{,}5°$

$\alpha_2 = 19{,}8°$

gesucht:

h

Mit der Log-Tafel:

lg tg 4,5°	8,8960	lg tg 19,8°	9,5563
lg 63,1	1,8000	lg 63,1	1,8000
lg h_1	0,6960	lg h_2	1,3563

$$h_1 = 4{,}97 \qquad \begin{aligned} h_2 &= 22{,}71 \\ h_1 &= 4{,}97 \\ \hline \Delta h &= 17{,}74 \end{aligned}$$

Mit dem Rechenstab:

$$\begin{aligned} h_1 &= 63{,}1 \cdot \text{tg } 4{,}5° = 4{,}96 \text{ m} \\ h_2 &= 63{,}1 \cdot \text{tg } 19{,}8° = 22{,}70 \text{ m} \\ \hline \Delta h &= h_2 - h_1 = 17{,}74 \text{ m} \end{aligned}$$

Auf einem zweiten Wege läßt sich die Höhe unter Zuhilfenahme der Prozentteilung des Theodolits berechnen, die im Grunde eine Tangensteilung ist. In diesem Falle wird an Stelle der Winkelskala die Prozentteilung abgelesen, die Höhenunterschiede pro 100 m Entfernung angibt:

$$\begin{aligned} p_1 &= 7{,}9\ \% \\ p_2 &= 36{,}0\ \% \\ \hline p_2 - p_1 &= 28{,}1\ \% \end{aligned}$$

$$\Delta h = E \cdot \frac{28{,}1}{100} = 17{,}72 \text{ m}.$$

Diese Rechnung ergibt sich aus einer Proportion:

$$\frac{\Delta h}{p_2 - p_1} = \frac{63{,}1}{100}.$$

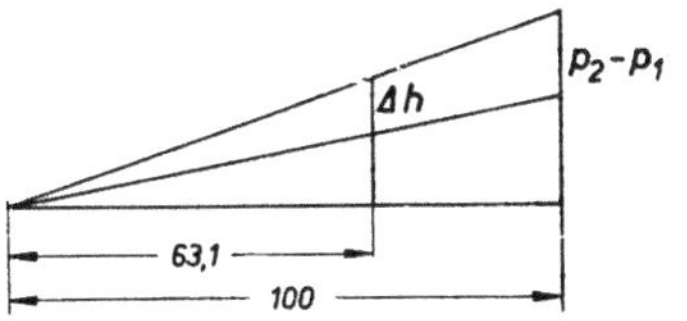

Abb. 39. Messung mit der Prozentteilung

Aus der Umkehrung dieser Höhenbestimmung kann auch eine Kontrolle für die Entfernungsbestimmung mit Hilfe der Prozentteilung gemessen werden. Ein der Länge nach bekanntes Maß (Nivellierlatte, Fluchtstab oder Zollstock) wird am Fußpunkt des Turmes aufgehalten und nacheinander werden die Enden des Maßes mit dem Fernrohr angezielt, wonach jeweils die Prozentskala abgelesen wird. Aus der Differenz der Prozente und aus der bekannten Meßbasis l im Ziel kann die Entfernung berechnet werden:

$$E = \frac{l}{p_2 - p_1} \cdot 100.$$

Nach dieser Methode wird häufig mit Freihandinstrumenten gemessen, z. B. mit dem Möller-Taschengefällmesser.

6.2.2 Tachymetrische Geländeaufnahme

Eine große Bedeutung haben die Methoden der trigonometrischen Höhenmessung auf dem Gebiete der Tachymetrie (Schnellmessung) erlangt.

Diese Methode ist nichts weiter als die schon bekannte polare Aufnahme des Geländes mit anschließender Höhenwinkelmessung. Da die Entfernungen bereits optisch bestimmt wurden, ist die Berechnung der Höhen nicht schwierig, solange es sich um kleine Höhenwinkel handelt (Flachland). Werden jedoch in hügeligem Gelände größere Höhenwinkel gemessen, wird die Rechnung etwas komplizierter, weil bei der Bestimmung der Horizontalentfernung mit senkrecht gehaltener Nivellierlatte die Kosinusfunktion zweimal in die triogonometrische Rechnung eingeht und die Reduktion der Schrägentfernung auf den Horizont nach der Gleichung

$$E = 100 \cdot l \cdot \cos^2 \alpha$$

erfolgt. Diese Formel läßt sich aus der Abb. 40 ableiten:

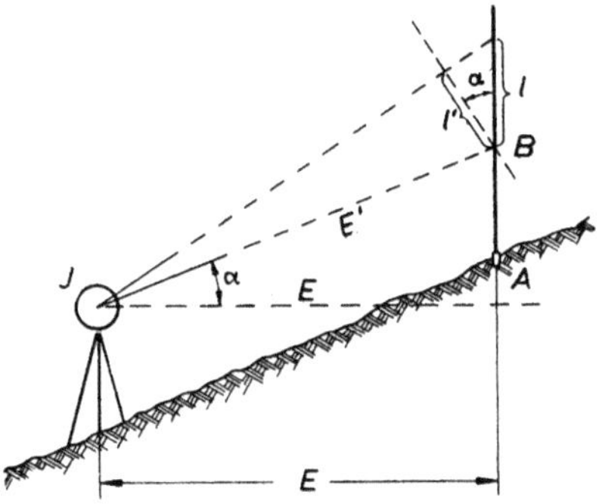

Abb. 40. Beobachtung bei lotrecht stehender Latte

Für die optische Streckenmessung (vgl. Kap. 3.5) ist Voraussetzung, daß die Nivellierlatte senkrecht zum Zielstrahl steht. Diese Bedingung läßt sich aber praktisch schlecht erfüllen, es ist einfacher, die Latte im Standpunkt senkrecht zu halten. Demzufolge ist der zwischen den Distanzstrichen abgelesene Lattenabschnitt l zu groß. Bei einer Neigung der Latte um den Winkel α wäre die Latte senkrecht zum Zielstrahl IB und der Lattenabschnitt wäre $l' = l \cdot \cos \alpha$. Mit l' wird die Schrägentfernung $IB = E'$ berechnet. Nach Seite 17 ist $E' = 100 \cdot l' = 100 \cdot l \cdot \cos \alpha$, und daraus wird die Horizontalentfernung abgeleitet:

$$E = E' \cdot \cos \alpha = 100 \cdot l \cdot \cos \alpha \cdot \cos \alpha$$
$$E = 100 \cdot l \cdot \cos^2 \alpha$$

Mit Hilfe der Horizontalentfernung wird der Höhenunterschied AB gefunden:

$$AB = \Delta h = E \cdot \operatorname{tg} \alpha$$

In der Praxis stehen für die Berechnung dieser Ausdrücke Tabellen, Nomogramme oder Spezialrechenschieber zur Verfügung. In der Schule wird die Berechnung mit der Logarithmentafel oder mit dem Rechenstab durchgeführt. Da der Kosinus kleiner Winkel am Rechenstab nur ungenau abgelesen werden kann, ist es besser, $\cos^2 \alpha = 1 - \sin^2 \alpha$ einzusetzen. Damit wird:

$$E = 100\, l \cdot (1 - \sin^2 \alpha) = 100\, l - 100\, l \cdot \sin^2 \alpha.$$

Mit dieser Differenzformel wird die Rechnung immer genau genug, weil $100 \cdot l \cdot \sin^2 \alpha$ stets ein kleiner Wert ist, der von der Schrägentfernung subtrahiert wird.

Für die Meßpraxis ist zu beachten, daß alle Höhenwinkel vom Instrumentenhorizont aus gemessen werden, die Höhe des Instrumentes also vorerst bestimmt werden muß. Diese wird entweder durch eine trigonometrische Höhenbestimmung oder ein Nivellement von einem der Höhe nach bekannten Punkt in der Nähe abgeleitet, oder die Höhe des Standpunktes wird aus einem Meßtischblatt herausgegriffen und der Abstand vom Erdboden bis zur Kippachse des Instrumentes mit einem Zollstock bzw. der Nivellierlatte gemessen. Zu dieser Instrumentenhöhe werden dann alle gerechneten Höhenunterschiede Δh addiert.

Die Nivellierlatte wird grundsätzlich mit dem gleichbleibenden Wert 1,4 m angezielt, um möglichst kleine Höhenwinkel zu erhalten, um auch mit den entfernungmessenden Strichen die Latte ablesen zu können, um mit dem Zielstrahl möglichst weit über dem Erdboden zu bleiben (Refraktion, Flimmern) und weil dieser Wert ungefähr der Instrumentenhöhe über dem Erdboden entspricht. Im Protokoll der Messung muß dieser Wert der Zielung besonders vermerkt werden, damit bei der Auswertung der Messungen keine Fehler gemacht werden, wenn bei Sichthindernissen ein anderer Wert angezielt werden muß.

6.2.3 Beispiel einer Tachymetermessung

Die Höhe des Theodolitstandpunktes sei 27,4 m und die Höhe der Kippachse über dem Standpunkt 1,42 m, dann ist die tatsächliche Höhe der Kippachse $27{,}4 + 1{,}42 = 28{,}83$ m.

Die Zielung nach der in einem Geländepunkt aufgehaltenen Nivellierlatte hat den Höhenwinkel $\alpha = +8{,}3^\circ$ und zwischen den Distanzstrichen den Lattenabschnitt $l = 0{,}535$ m ergeben. Die Rechnung mit dem Rechenstab ergibt die Horizontalentfernung E und den Höhenunterschied Δh:

$$E = 53{,}5 \cdot \cos^2 8{,}3^\circ = 53{,}5 \cdot 0{,}99^2 = 52{,}3 \text{ m}$$

oder genauer nach der Differenzformel:

$$E = 53{,}5 - 53{,}5 \cdot \sin^2 8{,}3^\circ$$

$$E = 53{,}5 - 1{,}11 = 52{,}39 \text{ m}$$

$$\Delta h = E \cdot \operatorname{tg} \alpha$$

$$\Delta h = 52{,}4 \cdot \operatorname{tg} 8{,}3^\circ = \underline{\underline{7{,}64 \text{ m}}}$$

damit wird die Höhe des Geländepunktes:

$H =$ Höhe der Kippachse + gemessener Höhenunterschied — Zielhöhe über dem Geländepunkt

$H = 28{,}73 + 7{,}64 - 1{,}40 = 34{,}97$ m

Wenn es sich nur darum handelt, einige Punkte nach dieser schnellen Meßmethode festzulegen, ist das Verfahren leicht und übersichtlich. Die Horizontalprojektion läßt sich in einer Karte nach der bereits geschilderten Polarmethode kartieren und die für den Aufnahmepunkt bestimmte Höhe wird neben den Punkt geschrieben. Zur Darstellung von Geländeformen bedarf es jedoch einer Ausbildung im zeichnerischen Erfassen des Geländes. Hier soll nur die aus den Meßtischblättern bekannte Darstellung durch Höhenschichtlinien geschildert werden.

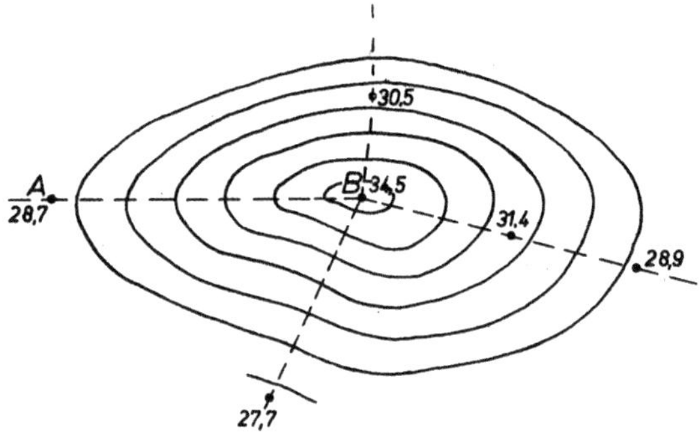

Abb. 41. Höhenlinien

Die Einmessung aller Geländepunkte ist unmöglich, es kommt also darauf an, nur die wesentlichen Punkte auszusuchen. Das sind alle tiefsten und höchsten Punkte, die Kamm- und Tallinien mit ihren Knickpunkten, in denen sich die Richtung oder das Gefälle ändert. Dazwischen wird das Gelände als gleichmäßig steigend oder fallend angenommen, so daß die Höhenlinien für alle vollen Meter, Fünfmeter oder Zehnmeter interpoliert werden können. An einem kleinen Beispiel lassen sich diese Arbeiten am besten erklären, ein Höhenzug oder ein Hügel eignet sich dafür am besten.

Die eingemessenen Punkte geben zunächst nur das Gerippe, dazwischen müssen die gesuchten Höhenlinien interpoliert werden. Dazu wird ein Blatt transparentes Zeichenpapier mit parallelen Linien benutzt, das im Handel als sogenannte Planimeterharfe erhältlich ist, aber auch selbst gefertigt werden kann. Sind z. B. zwei Punkte mit den Höhen 28,7 m und 34,5 m in die Zeichnung eingetragen und soll für jeden vollen Meter die Höhenlinie gezeichnet werden, wird die Planimeterharfe so über die Zeich-

nung eingedreht, bis für jeden Meter von 29 bis 34 je eine Linie (sechs Linien) zwischen den beiden Punkten liegt und die kartierten Punkte die entsprechenden Dezimalen in dem Liniensystem anzeigen. Dann brauchen nur die Kreuzungspunkte der Parallelen mit der Gerippelinie mit einer Nadel durchstochen zu werden. So werden zwischen den Höhenangaben alle Punkte für die Höhenlinien gekennzeichnet. Durch Verbinden der zusammengehörigen Punkte entstehen die Höhenlinien.
In einem zweiten Verfahren können Höhenschichtlinien auch dadurch gefunden werden, daß die Nivellierlatte im Gelände eingewiesen wird, bis eine bestimmte, vorher mit Hilfe der Instrumentenhöhe errechneten Lattenabmessung im Fernrohr erscheint, wodurch gleichsam die Höhenlinie von Punkt zu Punkt im Gelände aufgesucht wird. Das Einweisen ist zwar zeitraubend, aber das Kartieren geht schneller.

7. Die Orientierung mit der Bussole

Die Bussole ist ein Winkelmeßinstrument, bei dem die Richtkraft des Erdmagnetismus zur Orientierung ausgenutzt wird. In Verbindung mit einem Theodolit gibt die Bussole die Möglichkeit, eine Messung im Gelände nach Norden zu orientieren, ohne daß dazu bekannte Anschlußpunkte benötigt werden, aus deren Koordinaten die Anschlußrichtung berechnet werden muß. Der Vorteil einer Bussolemessung tritt daher dort besonders zutage, wo infolge der örtlichen Verhältnisse nur wenig sichtbare, nach Koordinaten bekannte Punkte vorhanden sind, z. B. in Wäldern. Als Anfangspunkt der Messung wird sich wohl immer ein Wegekreuz finden lassen, dessen Koordinaten aus einer Karte entnommen werden.

Abb. 42.
Kleintheodolit mit angeschraubter Bussole

Um die Richtkraft der Magnetnadel richtig nutzen zu können, muß jedoch noch einiges über die Eigenart der Magnetmessungen gesagt werden. Die Magnetnadel zeigt zum nördlich gelegenen Magnetpol der Erde, der aber nicht mit dem geographischen Nord-

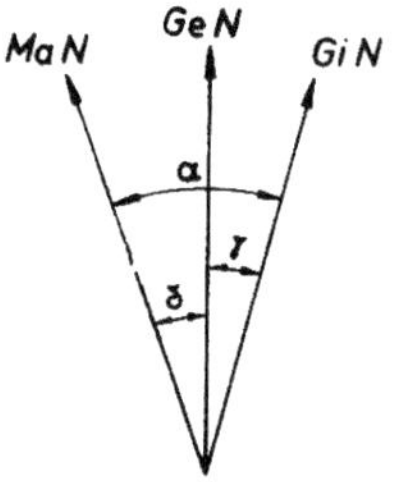

Abb. 43.
Die Nordrichtungen

pol zusammenfällt, sondern auf der Halbinsel Boothia Felix (Kanada) liegt. Bei dem *Gauß-Krüger*-Gitternetz der deutschen Karten fällt nur der Mittelmeridian eines Meridianstreifens mit einer Gitterlinie zusammen, alle anderen Gitterlinien bilden mit der geographischen Nordrichtung einen kleinen Winkel, weil die Meridiane als krumme Linien abgebildet werden. Die tatsächlichen Verhältnisse sind in der Abb. 43 dargestellt.

Gi. N. = Gitternord
Ge. N. = geographisch Nord
= astronomisch Nord
Ma. N. = magnetisch Nord
$\alpha = \delta + \gamma$

Der kleine Winkel δ zwischen magnetisch Nord und geographisch (oder astronomisch) Nord heißt die „Mißweisung".
Der Winkel γ zwischen geographisch Nord und Gitternord heißt die „Meridiankonvergenz".
Der Winkel zwischen magnetisch Nord und Gitternord ist die „Nadelabweichung". Dieser Winkel α ist für die hier beschriebenen Bussolenmessungen von Bedeutung, da alle Messungen auf Gitternord bezogen werden. Die magnetische Nordrichtung und damit auch die Nadelabweichung ist jedoch keine Konstante, sondern sie ist täglichen, jährlichen und säkularen Veränderungen unterworfen. Die täglichen Änderungen sind so klein, daß sie für die Messungen mit dem Schultheodolit vernachlässigt werden können, keineswegs jedoch für die genaueren Messungen des Vermessungsingenieurs. Die periodischen Änderungen der Nadelabweichung sind nicht gleichförmig. Nach einer Veröffentlichung der jährlichen Beobachtungen im Geodätischen Institut Potsdam schwankte die jährliche Abnahme der Nadelabweichung in der Zeit von 1891 bis 1930 zwischen 5′ und 12′, die gesamte Abnahme in diesem Zeitraum betrug 5° 05′. Um trotz dieser unregelmäßigen Schwankungen die Magnetnadel für die Vermessung nutzbar machen zu können, befindet sich auf den amtlichen Karten eine Angabe über die mittlere Veränderung der Nadelabweichung, die hinreichend genau stimmt, solange die Karte nicht zu alt ist.
Die Nadelabweichung kann auch dadurch bestimmt werden, daß von einem bekannten Punkt aus ein zweiter bekannter Punkt angezielt wird, weil dann aus der gerechneten und gemessenen Richtung die Nadelabweichung errechnet werden kann.
Diese Kontrolle kann mit dem Schultheodolit auch durchgeführt werden. Wenn zum Beispiel der Richtungswinkel von A nach B mit 35,7° errechnet wurde und das Nordende der Magnetnadel beim Zielen von A nach B auf den Wert 33,4° zeigt, so ist die Nadelabweichung 2,3°. Diese Differenz wird bei jeder Bussolenablesung berücksichtigt, so daß auf jeder Theodolitstation die tatsächliche Richtung gegen Gitternord gemessen wird. Damit ist die Möglichkeit gegeben, einen sogenannten Bussolenzug durch ein unübersichtliches Gelände zu legen.

7.1 Die Bussole

Bei den Bussolentheodoliten ist die Kreisbussole meistens als fester Bestandteil zentrisch zur Stehachse montiert, oder sie wird als Zusatzgerät auf die Kippachse des Fernrohrs aufgesetzt. Die Bussole des Schultheodolits wird seitlich des Höhenkreises angeschraubt.
Die Kreisbussolen sind linksläufig beziffert, ihr Nullpunkt zeigt in die Richtung der Fernrohrachse. Wenn die Magnetnadel über 0° steht, ist auch das Fernrohr nach magnetisch Nord gerichtet. — Bei einer Rechtsdrehung des Theodolits dreht sich der Teilkreis der Bussole unter der nach Norden

gerichteten Magnetnadel rechts herum und es werden die Richtungswinkel gegen die Nordrichtung abgelesen. Zeigt das Fernrohr nach Osten, muß unter der Bussolennadel 90° abgelesen werden, und die Bezeichnung *Ost* befindet sich demzufolge dort, wo man sonst die Bezeichnung *West* als Himmelsrichtung gewohnt ist. Falls die Nord-Südrichtung der Bussole nicht parallel zur Fernrohrachse ist, wird dieser kleine Fehler als Konstante bei der Bestimmung der Nadelabweichung berücksichtigt.

Die Bussole des Schultheodolits ist gleichzeitig als Handbussole ausgebildet und mit einer Maßstabkante versehen, damit sie zum Kartieren von Richtungen und Entfernungen benutzt werden kann.

7.2 Der Bussolenzug

Der Bussolenzug ist eine Art Polygonzug, bei dem in jedem Standpunkt der vorhergehende und der folgende Punkt angezielt und jeweils die Magnetnadel abgelesen wird. Die Differenz beider Ablesungen ist der Brechungswinkel. Außerdem werden die Strecken gemessen. Die gleichzeitige Höhen-

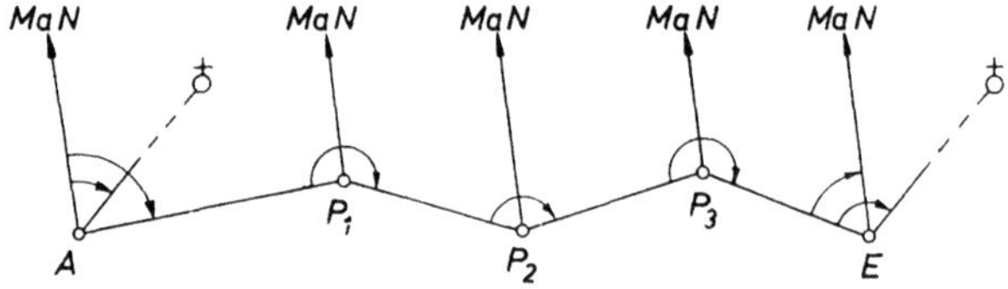

Abb. 44. Bussolenzug mit Beobachtung in jedem Standpunkt

messung nach der in Kap. 6.2.2 angegebenen Methode ist möglich, um eine Tachymeteraufnahme anzuschließen. Es empfiehlt sich, am Anfangs- und Endpunkt der Messung die Nadelabweichung zu messen, und die eventuelle Richtungsdifferenz auf den gesamten Zug zu verteilen.

Abb. 44 zeigt eine derartige Bussolenzugmessung. Ausgehend von einem bekannten Punkt A wird erst ein weiterer bekannter Punkt B angezielt und die Magnetnadel abgelesen. Die Koordinaten beider Punkte können aus einer Karte entnommen werden, um die Richtung gegen Gitternord ausrechnen zu können. Die Richtung kann aber auch direkt mit einem Winkelmesser (Geo-Dreieck) aus der Karte herausgegriffen werden. Die Differenz aus der Bussolenmessung und der Kartenrichtung wird bei allen weiteren gemessenen Richtungen vorzeichenrichtig berücksichtigt. So wird der nächste Punkt P_1 angezielt, die Magnetrichtung abgelesen und berichtigt. Die Entfernung zur in P_1 aufgehaltenen Nivellierlatte wird optisch gemessen und der Höhenwinkel zur Marke 1,4 m am Höhenkreis abgelesen. Die Höhe des ersten Standpunktes wird der Karte entnommen und die Instrumentenhöhe über dem Boden gemessen.

Der Bussolenzug hat den Vorteil, daß der Theodolit nur auf jeden zweiten Punkt des Zuges aufgestellt zu werden braucht, wenn die dazwischenliegenden Punkte von beiden Seiten angezielt werden.

Wenn nämlich die Richtung ($A\,P_1$) und die Entfernung s_1 in die Karte eingetragen werden, liegt der Punkt P_1 fest. Wird P_1 von P_2 aus wieder an-

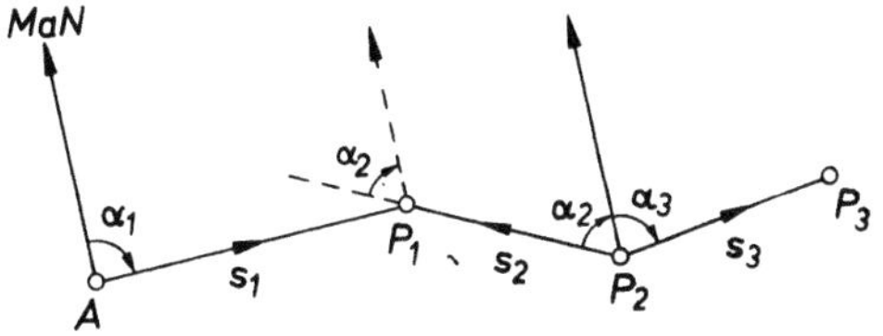

Abb. 45. Bussolenzug mit Beobachtung in jedem zweiten Punkt des Zuges

gezielt und die Bussolennadel abgelesen, so tritt der gleiche Winkel α_2' sowohl bei P_2 als auch bei P_1 als Richtung der Strecke $P_2 P_1$ gegen die Nordrichtung auf. Wird dieser Winkel an die magnetische Nordrichtung in Punkt P_1 angetragen und nach rückwärts verlängert, so erhält man die Richtung ($P_1\,P_2$) und mit der gemessenen Entfernung s_2 auch den Punkt P_2.

8. Die Meßtischaufnahme

Ist ein Meßtisch und ein Kippregellineal vorhanden, entweder mit dem Schultheodolit zusammen oder später angeschafft, so kann der Theodolit mit wenigen Handgriffen zur Kippregel umgebaut werden (Abb. 7).

Der Fernrohrträger läßt sich nach dem Lösen der zwei Rändelschrauben mitsamt dem Fernrohr vom Theodolitunterteil abheben und auf die Paßstifte des Kippregellineals aufstecken. Durch Anziehen der Rändelschrauben wird eine feste Verbindung zwischen dem Fernrohr und dem Lineal hergestellt. Der mit Zeichenpapier bespannte Meßtisch wird auf den Stativkopf aufgeschraubt und die Kippregel auf den Meßtisch gesetzt.

Mit dieser Meßtischausrüstung lassen sich die bisher besprochenen Meßmethoden in etwas abgewandelter Form durchführen. Die Meßergebnisse werden im Verlauf der Messung gleich als Karte festgehalten, indem nach jeder Zielung die Zielrichtung und Entfernung an der Linealkante kartiert werden. Der Millimetermaßstab kann als Maßstab 1 : 1000 (1 cm = 10 m), 1 : 10 000 (1 cm = 100 m) oder 1 : 100 000 (1 cm = 1 km) gelesen werden. Als Ergänzung ist es auch möglich, durch Verdoppelung der Bezifferung 1 : 2000 und 1 : 20 000, oder durch Halbierung die Maßstäbe 1 : 5000 und 1 : 50 000 am Maßstab abzulesen.

Die Meßtischaufnahme hat den Vorteil der Anschaulichkeit, sie zeigt das Entstehen einer Landkarte am deutlichsten. Rechnungen sind nur erforderlich, wenn die gemessenen Schrägentfernungen auf den Horizont reduziert und die Höhenunterschiede bestimmt werden sollen.

Das Verfahren ist verhältnismäßig einfach:

Die Zeichenunterlage wird zweckmäßig schon soweit vorbereitet, daß sie mit einem Gitternetz im gewünschten Maßstab versehen wird und zwei nach Koordinaten bekannte Punkte A und B eingezeichnet werden, von denen A als erster Standpunkt geeignet ist und B zur Orientierung des Meßtisches dient.

Der Meßtisch wird in A aufgestellt, die Kippregel mit der Maßstabkante an die Punkte A und B angelegt und der Tisch eingedreht, bis das Fernrohr nach Punkt B zielt. Nach dieser groben Orientierung wird der Meßtisch mit den Fußschrauben und den Stativbeinen mit Hilfe der Dosenlibelle horizontiert und Punkt B erneut genau angezielt. Für die Messung bleibt der Tisch in dieser Lage, und zum Anzielen der weiteren Punkte wird nur die Kippregel um A geschwenkt; jedesmal wird die Entfernung gemessen und an der Maßstabkante abgetragen. Als letzter Punkt wird der nächste Standpunkt C eingemessen und kartiert und anschließend das Instrument in C aufgestellt.

Im Standpunkt C wird das Lineal an die Punkte C und A angelegt und der Meßtisch nach Punkt A orientiert.

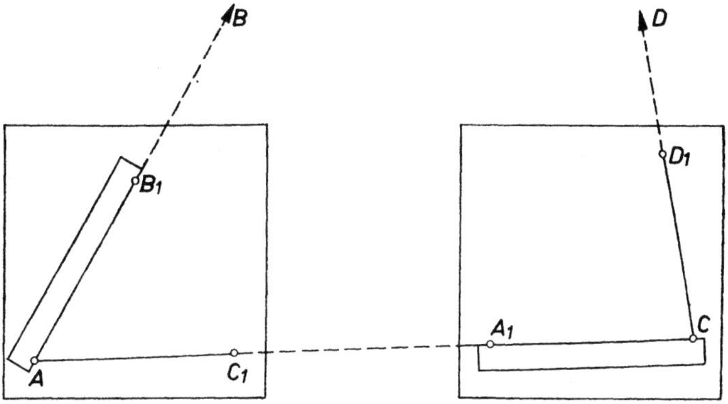

Abb. 46. Meßtischorientierung

Ist die Kippregel mit einer Bussole ausgestattet, genügt ein bekannter Ausgangspunkt. Das Lineal wird dann parallel zu einer Nord-Süd-Gitterlinie aufgesetzt und der Meßtisch nach magnetisch Nord orientiert, indem die Magnetnadel auf Null Grad eingedreht wird. Damit ist die Gitterlinie nach Norden orientiert, und die Messung kann beginnen.

Höhenunterschiede werden im Flachland nach Möglichkeit mit einspielender Fernrohrlibelle wie bei einem geometrischen Nivellement gemessen, um die Rechnung zu vereinfachen. Erst wenn dieses Verfahren nicht mehr durchführbar ist, muß tachymetriert werden (siehe unter 6.1.3 und 6.2.2).

9. Routenaufnahme mit verschiedenen Verfahren

Die bisherigen Übungen wurden nach Möglichkeit so beschrieben, daß eine größere Anzahl Schüler beteiligt werden konnte. Wenn nur ein Instrument zur Verfügung steht, ist es jedoch schwierig, die ganze Klasse zu beschäftigen. Bei einiger Organisation ist es jedoch möglich, nebenher die gleichen Messungen auch mit vereinfachten Methoden durchzuführen.

Auf einer Wanderung kann z. B. eine Routenaufnahme mit verschiedenen Verfahren durchgeführt werden. Man wählt dazu ein nicht zu großes Waldgebiet aus und stellt die Aufgabe, von einer Wegekreuzung ausgehend, den Marschweg auf vorgeschriebenen Wegen zu kartieren. Zweckmäßig soll dieser Weg auf den Anfangspunkt zurückführen, um am Schluß der Übung die Qualität der Messung und während der Übung den Verlauf leicht überprüfen zu können.

Als Vorarbeit werden kleine Bretter (Deckel von Zigarrenkisten) mit Zeichenkarton bespannt und Schrittmaßstäbe angefertigt, indem ein jeder auf einer abgemessenen Strecke von 100 m (Kilometerstein-Abstand auf einer Landstraße oder Markierung auf einem Sportplatz) seine Schrittzahl ermittelt. Mit diesen Angaben läßt sich im gewählten Kartenmaßstab ein Schrittmaßstab anfertigen, der nach Schritten beziffert ist, aber richtige Entfernungen angibt. Nunmehr ist es möglich, verschiedene Gruppen einzuteilen, von denen die eine wie beschrieben mit dem Meßtisch arbeitet, andere Gruppen zu dritt oder viert nach dem gleichen Verfahren vereinfacht arbeiten.

Ein Schüler hält das Zeichenbrett und legt den Schrittmaßstab wie die Kippregel an, ein zweiter richtet das Brett durch Peilen längs der Maßstabkante zum Anschlußziel oder zum vorhergehenden Punkt ein, der dritte zielt von der anderen Seite anschließend den nächsten Punkt mit dem Maßstab an. Diese Richtung wird dünn ausgezogen und alle drei schreiten die Entfernung bis zum nächsten Punkt ab, die dann mit dem Schrittmaßstab abgetragen wird. Als Zielpunkt wird im allgemeinen die Richtung der Wegemitte genügen, diese wird dann bis zum nächsten Knickpunkt abgeschritten.

Zur Erkundung des Weges kann auch ein vierter Schüler vorausgeschickt werden, der den Knickpunkt des Weges feststellt und als Zielmarke für die Marschrichtung gilt. Eine weitere Gruppe könnte auch mit einem Marschkompaß oder der Theodolitbussole ausgerüstet werden, um die Orientierung mit der Magnetnadel durchzuführen. Beide Instrumente sind mit einer Maßstabkante ausgestattet, so daß die Kartierung der Entfernung möglich ist. In diesem Falle müßte die Schrittzahl mit einem Rechenstab in Meter umgerechnet werden.

Wird als Zeichenpapier ein transparentes Material benutzt, kann die Übereinstimmung der verschiedenen Kartierungen durch Übereinanderlegen geprüft werden. Die Messungsergebnisse fallen meistens besser aus als vermutet wird.

Im Rahmen dieser Übung läßt sich in ähnlicher Weise auch eine behelfsmäßige Winkelmessung mit einem Vollkreis-Transporteur durchführen, der zur besseren Zielung mit einer behelfsmäßigen Dioptereinrichtung aus Schrauben oder Nägeln versehen ist und um eine Nadelspitze im Zentrum gedreht wird.

10. Astronomische Beobachtungen

Die Anwendung der sphärischen Trigonometrie auf astronomische Rechnungen weckt das Interesse für die mathematische Erd- und Himmelskunde. Derartige Aufgaben werden meist sehr gern gelöst, weil sie eine Nutzanwendung der Mathematik auf das praktische Leben sind. Noch interessanter wird der Unterricht gestaltet, wenn durch eigene Beobachtungen der Gestirne mit dem Schultheodolit die geographischen Koordinaten des Heimatortes bestimmt werden oder wenn die Uhr nach einer Gestirnbeobachtung gestellt wird. Astronomische Beobachtungen können aber auch ohne Beherrschung der sphärischen Trigonometrie ausgewertet werden (vgl. Übung 1—3): Die geographischen Koordinaten, Länge und Breite, lassen sich zwar aus jedem Meßtischblatt nach den Angaben am Rand der Karte hinreichend genau herausgreifen, und die genaue Uhrzeit kann heute zu jeder Tageszeit durch Kontrolle mit einer Normaluhr sowie durch Abhören der Zeitansage oder des Zeitzeichens im Radio festgestellt werden. Aber es ist doch reizvoll, diese Daten wie auf einer Expeditionsreise allein nach dem Lauf der Gestirne zu bestimmen.

Dazu werden benötigt: Der Schultheodolit, eine einigermaßen gleichmäßig gehende Uhr mit Sekundenzeiger, ein astronomisches Jahrbuch und ein klarer Himmel. Für astronomische Beobachtungen, insbesondere bei Sternbeobachtungen, ist ein Theodolit mit Fernrohr besser geeignet als ein solcher mit Diopter. Im folgenden wird jedoch gezeigt, daß auch ein Dioptertheodolit brauchbare Ergebnisse bringt.

In jedem guten Schulbuch wird die sphärische Trigonometrie und damit verbunden die Himmelskunde behandelt, darauf kann aufgebaut werden. Hier soll vor allem die praktische Durchführung der Beobachtungen und die zweckmäßige Auswertung der Messungsergebnisse behandelt werden. Da jedoch die Formeln und Bezeichnungen nicht überall einheitlich angewandt werden, ist es erforderlich, an Hand einiger Figuren die Zusammenhänge zu zeigen.

10.1 Die Koordinatensysteme

Neben den geographischen Koordinaten der Erde (Länge und Breite) sind zwei Koordinatensysteme der Himmelskörper von Bedeutung: das Äquatorsystem und das Horizontsystem.

10.1.1 Das Horizontsystem

Da mit dem Theodolit Horizontalwinkel und Vertikalwinkel gemessen werden können, ist der Beobachter in der Lage, bei einspielender Libelle (lotrechter Stehachse) ein Gestirn G anzuzielen, um erstens den Horizontalwinkel zwischen dem Gestirn und irgendeiner Richtung auf der Erde und zweitens den Höhenwinkel zwischen dem Gestirn und dem Horizont als sogenannte Höhe h abzulesen. Die Ergänzung der Höhe zu 90° ist der Winkel zwischen dem Zenit Z und dem Gestirn G, sie heißt Zenitdistanz $z = 90° - h$. Der Winkel zwischen dem Gestirn und der Südrichtung wird in der Astronomie Azimut a genannt; es wird von Süden über Westen, Norden und Osten, also im Uhrzeigersinn, von 0° bis 360° gezählt.

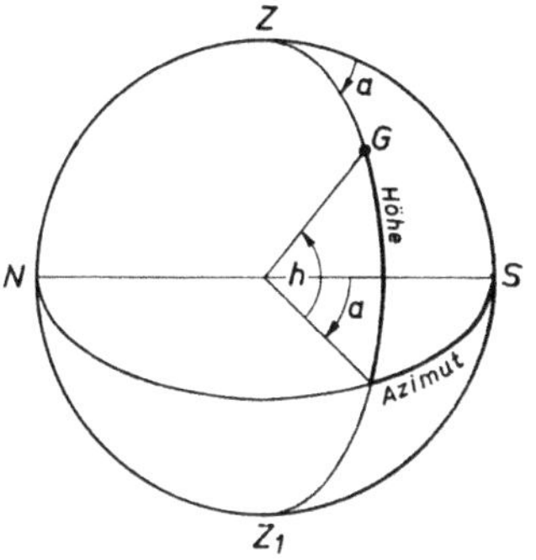

Abb. 47. Das Horizontsystem

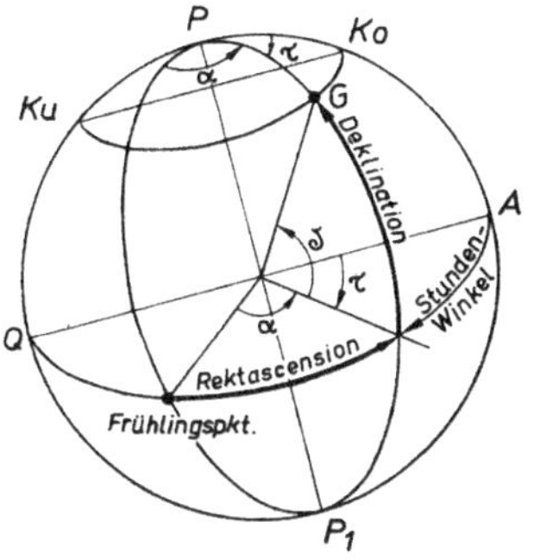

Abb. 48. Das Äquatorsystem

10.1.2 Das Äquatorsystem

Die Verlängerung der Erdachse in den Weltraum ist die Weltachse, sie trifft die Himmelskugel in den Polen P und P_1; diese Pole stehen bei der scheinbaren Drehung der Himmelskugel still. Senkrecht zur Weltachse ist in Abb. 48 die Ebene des Himmelsäquators dargestellt, die gleichzeitig auch die Ebene des Erdäquators ist. Entsprechend der Ortsangabe auf der Erde durch geographische Breite und Länge wird in dem Äquatorsystem ein Gestirn G durch die Deklination δ (auch Abweichung genannt) und die Rektaszension α bestimmt. Die Deklination ist der Winkel zwischen dem Gestirn G und der Äquatorebene, gemessen im Größtkreis durch den Pol und das Gestirn. Die Rektaszension ist der Winkel zwischen den Größtkreisen durch das Gestirn und den Frühlingspunkt, gemessen in der Äquatorebene oder am Pol P. Der Frühlingspunkt ist ein ausgezeichneter Punkt der Äquatorebene, der dort liegt, wo sich die Horizontalebene und die Äquatorebene im Westpunkt schneiden. Die Himmelsmeridiane (größte Kreise) durch die Pole P und P_1, die den Längenkreisen auf der Erde entsprechen, heißen Stundenkreise. Die gleiche Bedeutung, die der Längengrad von Greenwich als Nullmeridian für die Messung der Längengrade hat, kommt im Äquatorsystem dem Stundenkreis durch den Frühlingspunkt zu. Die Rektaszension α ist damit der Winkel, den der Stundenkreis eines Gestirns mit dem Anfangsstundenkreis durch den Frühlingspunkt bildet. Die Rektaszension wird linksläufig auf dem Äquator von 0 bis 24 Stunden gezählt.

Im Gegensatz zu dem Horizontsystem, bei dem das Koordinatensystem festliegt, in dem sich aber das Gestirn mit der Zeit bewegt, dreht sich das Äquatorsystem wie die Breiten- und Längenkreise auf der Erde (Globus) bei der Erdrotation mit, und das Gestirn behält, abgesehen von kleinen Schwankungen, die gleichen Koordinaten δ und α, die im voraus in sogenannten Jahrbüchern tabellarisch festgelegt werden.

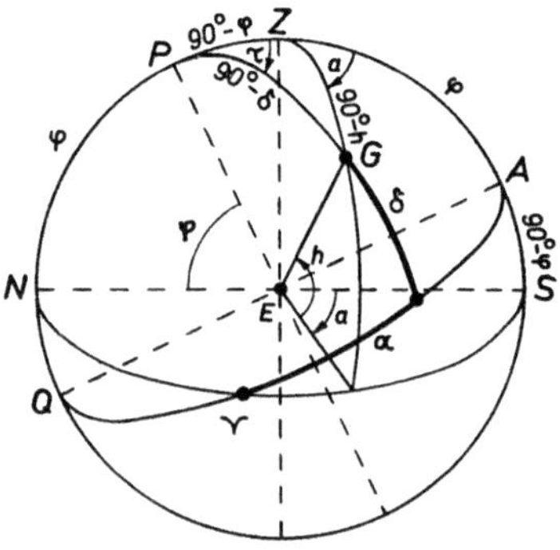

Abb. 49. Die Koordinaten eines Gestirns im Äquator- und Horizontsystem

10.1.3 Beziehungen zwischen dem Äquator- und Horizontsystem

Da für einen Beobachter auf der Erde der Winkel zwischen dem Zenit und der Äquatorebene gleich der geographischen Breite φ des Beobachtungsortes ist, wenn die Erde als Punkt im Weltall aufgefaßt wird, ergibt sich aus Abb. 49 ein Zusammenhang zwischen den beiden Koordinatensystemen:

$$\sphericalangle ZEA = \sphericalangle NEP = \varphi$$
$$\sphericalangle PEZ = \sphericalangle AES = 90^\circ - \varphi.$$

Weitere Beziehungen zwischen beiden Systemen ergeben sich aus dem Poldreieck *PGZ*, in dem die Formeln der sphärischen Trigonometrie zur Anwendung kommen.

Ein Bindeglied zwischen den Koordinatensystemen ist besonders der Stundenwinkel im Poldreieck, welcher der Winkel zwischen dem Stundenkreis des Gestirns und dem Ortsmeridian *PZAS* ist und von Süden über Westen von 0 bis 24 Stunden zählt. Steht das Gestirn im Meridian, so hat es seinen höchsten Stand, und der Stundenwinkel ist Null. Der Stundenwinkel gehört zwar zum Äquatorsystem, kann aber während der Messung des Azimuts oder der Höhe im Horizontsystem mit Hilfe einer Uhr gemessen werden. Das ist wichtig, weil das Gestirn im Horizontsystem seine Lage mit der Zeit ständig ändert. Die Berücksichtigung der Zeit soll daher in einem besonderen Kapitel behandelt werden.

10.2 Die Zeit

Für astronomische Betrachtungen ist es zweckmäßig, die Erde als feststehend und eine Rotation des Himmelsgewölbes um die Erde anzunehmen. Der größte Kreis durch die Pole P und P_1 sowie durch den Zenit und Nadir des Beobachtungsortes ist der Ortsmeridian; beim Durchgang durch diesen Meridian erreichen alle Gestirne ihre höchste Höhe (obere Kulmination) und ihre niedrigste Höhe (untere Kulmination), während sie sich mit ihrer Deklination δ auf Parallelkreisen zum Äquator bewegen. In der unteren Kulmination steht jedes Gestirn genau im Norden und in der oberen Kulmination genau im Süden. Zwischen zwei oberen oder unteren Kulminationen vergehen 24 Stunden, die dem Vollkreis von 360° entsprechen. Daraus ergibt sich die Umrechnung zwischen dem Gradmaß und dem Stundenmaß:

24 Stunden $= 360°$		
$1^h = 15°$	oder umgekehrt	$1° = 4^m$
$1^m = 15'$		$1' = 4^s$
$1^s = 15''$		$1'' = 0{,}1^s$

Die bürgerliche Zeitrechnung richtet sich nach der Sonne; die Einteilung der Uhr von 0^h bis 24^h entspricht der Zeit zwischen zwei unteren Kulminationen im Norden (Mitternacht). Um 12^h mittags steht die Sonne im Süden, und bei dieser oberen Kulmination erreicht sie ihren höchsten Stand. Die wahre Sonnenzeit zwischen zwei Kulminationen der Sonne verläuft jedoch auf Grund der ungleichen Bewegung der Erde um die Sonne im Verlauf eines Jahres nicht gleichmäßig. Deshalb wird für die bürgerliche Zeitrechnung eine mittlere Sonnenbahn angenommen, deren scheinbare Bewegung vollkommen gleichmäßig ist, so daß sie mit einer Uhr gemessen werden kann. Der Unterschied dieser fingierten Sonnenbahn gegen die wahre Sonnenbahn ist durch die sogenannte Zeitgleichung in den Jahrbüchern festgelegt, mit ihr kann am Beobachtungsort jederzeit die Umrechnung von der mittleren Ortszeit MOZ in die wahre Ortszeit WOZ und auch umgekehrt vorgenommen werden.

Für alle Punkte, die auf demselben Längengrad (Ortsmeridian) liegen, kulminiert die Sonne zur gleichen Zeit. Für alle Orte, die auf verschiedenen Längengraden liegen, findet die Kulmination zu einem anderen Zeitpunkt statt, d. h. in jedem dieser Orte ist zu einer anderen Zeit Mittag. Um im bürgerlichen Leben eine einheitliche Zeitrechnung zu erhalten, wurden Zonenzeiten eingeführt. Alle Länder, die in der Nähe des Meridians von Greenwich, dem Nullmeridian für die geographischen Längengrade, liegen, rechnen nach der mittleren Greenwicher Zeit MGZ, die auch Weltzeit genannt wird. Für Deutschland gilt die mitteleuropäische Zeit MEZ, die auf den 15. Längengrad bezogen ist, in dem die Sonne eine Stunde früher als in Greenwich kulminiert; daher ist MGZ $+ 1^h =$ MEZ. Bei allen astronomischen Beobachtungen müssen diese Varianten der Zeit berücksichtigt

werden. Der Zusammenhang der geographischen Länge mit dem Stundenwinkel, der in Abb. 49 ersichtlich ist, spielt bei astronomischen Rechnungen eine besondere Rolle.
Auf die Sternzeit wird später im Zusammenhang mit den Sternbeobachtungen eingegangen.

10.2.1 Die Zeitzeichen

Für die astronomischen Beobachtungen benötigt man eine gute, gleichmäßig gehende Uhr mit einem Sekundenzeiger, es genügt für unsere Zwecke eine gute Taschen- oder Armbanduhr. Diese Uhr wird nach irgendeiner Normaluhr oder nach der im Radio angesagten Zeit gestellt, außerdem ist es aber erforderlich, diese Einstellung der Uhr wiederholt mit der genauen MEZ des Zeitzeichens zu vergleichen, welches mehrmals am Tage zu einer vollen Stunde von den verschiedenen Radiostationen gesendet wird. Damit wird leicht Sekundengenauigkeit erreicht.
Für wissenschaftliche Zwecke werden außerdem vom Deutschen Hydrographischen Institut in Hamburg sogenannte Koinzidenzsignale und das Hauptsignal über verschiedene eigene Sender gesendet, mit deren Hilfe noch Bruchteile einer Sekunde bestimmt werden können. Nach der Auswertung vieler internationaler Sternwartenbeobachtungen werden nachträglich Korrekturen von 0,001 Sekunde bekanntgegeben.
Der Unterschied der von der Uhr abgelesenen Zeit gegen MEZ wird mit Uhrstand ΔU bezeichnet und die Korrektur so gezählt, daß die abgelesene Uhrzeit + Uhrstand die MEZ ergeben (MEZ $= U + \Delta U$). Aus der Aufnahme mehrerer aufeinanderfolgender Zeitsignale kann man sich ein Bild von dem gleichmäßigen Gang der Uhr machen. Mit den daraus ermittelten Änderungen des Uhrstandes (Gangunterschied) ist man immer in der Lage, die abgelesene Uhrzeit genau in MEZ umzurechnen.

10.3 Astronomische Jahrbücher

An Jahrbüchern stehen neben mehreren ausländischen Werken in Deutschland das Berliner Astronomische Jahrbuch, das Geodätisch-Astronomische Jahrbuch und das vom Deutschen Hydrographischen Institut herausgegebene Nautische Jahrbuch zur Verfügung. In allen Jahrbüchern sind für die wichtigsten Fixsterne, Planeten und deren Monde und für die Sonne die wesentlichen Daten zusammengestellt, insbesondere die Koordinaten im Äquatorsystem. Für die Zwecke der Schule eignet sich am besten das Nautische Jahrbuch, weil es der Genauigkeit der Messungen mit dem Schultheodolit am besten angepaßt ist. Jedes Jahrbuch gibt eine Einführung über den Gebrauch der Tafeln, so daß hier auf eine nähere Erläuterung verzichtet werden kann. Im Laufe der folgenden Übungsbeispiele wird auf Eigenheiten des Nautischen Jahrbuches eingegangen werden.
Wertvolle Angaben über die Beobachtung der Gestirne gibt ferner der Kosmos-Band „Das Himmelsjahr“ (Franckh'sche Verlagshandlung, Stuttgart).

10.4 Hinweise für die Beobachtung der Gestirne

Bei der Beobachtung oberer Kulminationen werden die Sichten sehr steil, so daß man mit der normalen Montage des Theodolits nicht immer beobachten kann, denn für Höhenwinkel > 50° behindert der Horizontalkreis den Einblick in das Okular. Durch Verwendung eines Okularprismas, das auf das Okular aufgeschraubt wird, sind noch Sichten bis zu etwa 65° Höhe möglich, weil der Zielstrahl um 90° abgeknickt wird. Für größere Höhenwinkel wird das Fernrohr exzentrisch montiert, d. h. nach dem Lösen der beiden Rändelschrauben wird das Oberteil des Theodolits abgenommen und nach einer Drehung um 180° so angeschraubt, daß das Fernrohr außen liegt. Wenn bei der exzentrischen Montierung ein nahes Ziel beobachtet wird, entsteht natürlich ein Fehler in der Horizontal-Winkelmessung, der aber durch die Messung in zwei Fernrohrlagen mit anschließender Mittelbildung herausfällt. Da sowieso stets in zwei Fernrohrlagen gemessen werden soll, ändert sich an dem Verfahren nichts, allerdings muß die Libelle stets neu eingestellt werden, weil durch das Schwergewicht des Fernrohrs eine kleine Änderung der Stehachsenlage eintritt, die durch Drehen an den Fußschrauben wieder lotrecht gestellt wird. Für die fernen Ziele bei astronomischen Messungen spielt die kleine Exzentrizität des Fernrohrs gar keine Rolle.

Sonnenbeobachtungen werden mit einem Sonnenfilter ausgeführt, das beim Dioptertheodolit auf das Objektiv aufgesteckt wird. Beim Kleintheodolit muß ein Okularprisma aufgeschraubt werden, bei dem ein kleines Filter vor das Prisma geklappt wird.

Die Jahrbuchangaben beziehen sich auf die Sonnenmitte, demzufolge muß auch die Mitte der Sonne mit der Mitte des Strichkreuzes oder der Zielspitze des Dioptertheodolits angezielt werden. Da das Erfassen der Mitte nicht genau genug möglich ist, wird man jedoch besser den Sonnenrand anzielen und die Richtung zur Mitte nachträglich durch Addieren oder Subtrahieren des Sonnenradius im Gradmaß berechnen. Die Größe des Sonnenradius findet man in jedem Jahrbuch für die Zeit der Beobachtung angegeben, oder man bestimmt diesen Winkel selbst mit dem Theodolit, indem man kurz nacheinander beide Sonnenränder anzielt und die halbe Differenz der Teilkreisablesungen bildet.

Für Sternbeobachtungen ist unbedingt eine Taschenlampe erforderlich, mit deren Hilfe das Strichkreuz oder die Zielspitze etwas aufgehellt werden, damit sie sich gegen den dunklen Himmel abheben und der Durchgang des Sternes verfolgt werden kann. Dazu wird die Taschenlampe so gehalten, daß das Licht schräg gegen das Objektiv trifft, jedoch nicht direkt in das Fernrohr hineinleuchtet. Es genügt, wenn das Objektiv erhellt wird. Der Stern leuchtet dann immer noch wesentlich heller.

Da für jede Beobachtung die Uhrzeit abgelesen werden muß, sei noch etwas zur Beobachtungstechnik gesagt. Um den Zeitpunkt einer Beobachtung gut erfassen zu können, ist es ratsam, einen Beobachter das Gestirn verfolgen zu lassen, der einem Zeitnehmer nach einem Vorkommando im Augenblick der Zielerfassung ein kurzes Wort, etwa „topp", zuruft. Der Zeitnehmer beobachtet ständig die Uhr und liest sie im entscheidenden Moment ab. Noch genauer wird das Ergebnis, wenn der Zeitnehmer die Sekunden laut mitzählt und der Beobachter diese „akustische Uhr" während der Beobachtung verfolgt und im Augenblick der Zielerfassung selbst die Zeit aufnimmt. Diese Methode erfordert jedoch etwas mehr Konzentration durch den Beobachter und auch mehr Übung. Das Gestirn wird am besten so erfaßt, daß es dicht vor dem Durchgang durch das Strichkreuz oder die Zielspitze steht, dann wird der Durchgang abgewartet und die Zeit nach der beschriebenen Weise bestimmt.

Sehr wichtig ist die Planung jeder Beobachtungsreihe und die Einteilung der Meßtrupps. Da die Erfassung einer bestimmten Stellung des Gestirns kurzfristig erfolgen muß, darf nicht viel Zeit unnötig vertan werden, wenn das Beobachtungsergebnis durch mehrere Messungen in beiden Fernrohrlagen kontrolliert und verfeinert werden soll. Neben dem Beobachter und Zeitnehmer wird am besten noch ein Aufschreiber und ein Ableser für die Teilkreise eingeteilt, der auch die Libelle ständig zum Einspielen bringt und bei Sternbeobachtungen auch noch die Taschenlampe bedient. Bei einiger Übung kann natürlich auch eine Einzelperson alles allein machen; die im folgenden beschriebenen Messungen wurden alle vom Verfasser allein durchgeführt, dazu gehört allerdings etwas Übung im gleichmäßigen Mitzählen der Zeit mit gelegentlichen Kontrollblicken zur Uhr.

Zur Planung der Messungen gehören neben den Uhrenvergleichen die vorherige Festlegung des Verfahrens, die Vorausberechnung der Kulmination oder der Stellung des Gestirnes zum Zeitpunkt der Beobachtung, damit das richtige Gestirn beobachtet wird. Man muß also wissen, wann und wo ein Gestirn ungefähr zu erwarten ist. Bei der ersten Beobachtung wird man erstaunt sein, mit welcher Geschwindigkeit sich die Gestirne am Himmel bewegen, besonders je näher sie sich am Horizont befinden.

Bei der Meßgenauigkeit des Schultheodolits von etwa 3′ hat es keinen Zweck, die bei Präzisionsmessungen übliche Berücksichtigung der Korrektionen für Erdparallaxe, Aberration, Temperatur, Luftdruck usw. vorzunehmen. Allein die mittlere Strahlenbrechung muß in Rechnung gestellt werden, weil sie größere Beträge annehmen kann.

Für die Rechnung genügt eine vierstellige Logarithmentafel oder ein Rechenstab. Die folgenden Beispiele wurden fünfstellig mit der Tafel von *F. G. Gauß* gerechnet, um eine größere Sicherheit in der Ermittlung der erreichbaren Genauigkeit der Messungen zu erhalten.

11. Einfache Sonnenbeobachtungen

Für den Anfänger ist die Beobachtung der Sonne am besten geeignet, weil eine Messung bei Tageslicht leichter durchzuführen ist. Gegenüber den bisherigen Übungen ist hierbei neu, daß ein bewegliches Ziel erfaßt werden soll. Vor der eigentlichen Messung ist es daher ratsam, erst einige Zielübungen nach der Sonne zu machen. Wenn diese Übungen etwa $11^h 30^m$ MEZ begonnen werden, läßt sich bereits die erste Messung damit verbinden.

11.1 Erste Übung — Die obere Kulmination der Sonne

Da die Sonne mittags in der oberen Kulmination ihren höchsten Stand erreicht und damit genau im Süden steht, kann der Lauf der Sonne mit dem Theodolit verfolgt und durch Ablesen am Höhen- und Seitenkreis festgelegt werden. Die Änderung der Höhenkreisablesung wird vor der Kulmination immer geringer, bis die Ablesung eine Zeitlang gleichbleibend ist und schließlich der Höhenwinkel wieder kleiner wird. Zur Zeit der Kulmination kann man bereits auch Uhrablesungen vornehmen und für diese Zeiten beide Kreise ablesen. Damit sind bereits die ersten Daten für eine grobe Orientierung im Beobachtungsort gewonnen.
In der Annahme, daß überhaupt keine Angaben über die Lage des Beobachtungsortes vorliegen, ist jetzt schon die ungefähre Südrichtung bekannt. Darüber hinaus kann, wie die folgende Überlegung zeigen wird, aber auch die geographische Länge und Breite mit Hilfe des Jahrbuches und der gemessenen Uhrzeit berechnet werden. Die ersten Näherungswerte für den Standpunkt ergeben sich also bereits aus dieser ganz einfachen Beobachtung, die sogar vom Volksschüler durchgeführt werden kann.

11.1.1 Auswertung einer Sonnenkulmination am 2. Juli 1955 in Hamburg-Groß Flottbek

Die Sonne erreichte ihren höchsten Stand mit $h = 59{,}4^\circ = 59^\circ 24'$ etwa gegen $12^h 23^m$ MEZ. Der Uhrstand, ermittelt durch Zeitzeichen des NWDR (Nordwestdeutscher Rundfunk), betrug $\Delta U = +33^s$, so daß die Kulmination um $12^h 23^m 33^s$ MEZ erfolgte.

11.1.2 Berechnung der geographischen Breite

Bei einer Beobachtung der Kulmination ist die Berechnung der Breite denkbar einfach:

In der Abb. 50 sind die folgenden Winkel von Bedeutung:

$$\sphericalangle NEP = \varphi$$

$$\sphericalangle PEZ = \sphericalangle AES = 90° - \varphi$$

$$\sphericalangle AEG = \delta \text{ (aus dem Jahrbuch)}$$

$$\sphericalangle SEG = h \text{ (gemessen)}$$

$$h = \sphericalangle AES + AEG = 90 - \varphi + \delta$$

$$\underline{\underline{\varphi = 90° + \delta - h}}$$

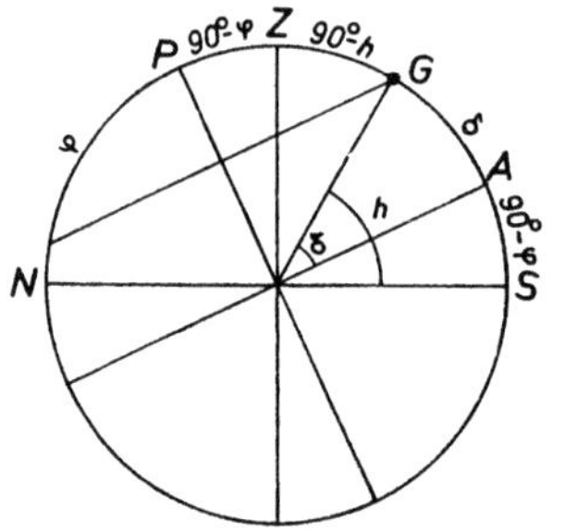

Abb. 50. Beziehungen zwischen φ, δ und h

Im Nautischen Jahrbuch findet man die Deklination für die Zeit der Kulmination am 2. Juli 1955. Allerdings ist erst eine kleine Umrechnung erforderlich, da die Zeiten des Jahrbuches in MGZ angegeben sind und die Uhr die MEZ anzeigte. Die Beobachtungszeit $12^h 23^m 33^s$ MEZ entspricht $11^h 23^m 33^s$ MGZ, weil der Zeitunterschied zwischen MGZ und MEZ eine Stunde beträgt. Für diese Zeit gibt das Jahrbuch die Abweichung oder Deklination $\delta = 23° 04{,}9'$ an, und damit wird:

$$\varphi = 90° + 23° 04{,}9' - 59° 24' = 53° 40{,}9'.$$

11.1.3 Berechnung der geographischen Länge

Die Kulmination wurde zur Zeit $12^h 23^m 33^s$ MEZ beobachtet, das Jahrbuch gibt die Zeit der Sonnen-Kulmination im Meridian von Greenwich an, der gleichzeitig Nullmeridian für die Längengrade ist. In der Spalte „Sonne“ steht ganz unten $T = 12^h 04^m$, dieser Wert T ist die Zeit der Kulmination in MGZ. Genauer kann diese Zeit in der darüberliegenden Spalte der Greenwicher Stundenwinkel in Verbindung mit der danebenstehenden Spalte MGZ interpoliert werden. Die Sonne kulminiert, wenn der Stundenwinkel Null ist. Angegeben ist für 12^h MGZ der Stundenwinkel $359° 03{,}2'$; bis $360° = 0°$ fehlen noch $56{,}8'$, die in Zeit umgerechnet $56{,}8 \times 4 = 227^s = 3^m 47^s$ sind. Diese Umrechnung wird schneller mit der Schalttafel am Ende des Jahrbuches interpoliert, wo die Stundenwinkel τ von $0°$ bis $15°$

im Zeitmaß von 0^m bis 60^m als Tabelle angegeben sind. Die Sonne würde also in Greenwich um $12^h 03^m 47^s$ MGZ kulminieren, und die Zeit der Beobachtung war $11^h 23^m 33^s$ MGZ. Der Zeitunterschied zwischen der Kulmination in Greenwich und im Beobachtungsort beträgt also $40^m 14^s$. Dieser Zeit entspricht nach einer Division durch 4 ($1^\circ \triangleq 4^m$) oder laut Interpolation in der gelben Schalttafel des Nautischen Jahrbuchs der Längenunterschied $10^\circ 03{,}5'$ zwischen Greenwich und dem Beobachtungsort. Also ist die geographische Länge des Beobachtungsortes:

$$\lambda = 10^\circ\, 03{,}5'.$$

Zur Kontrolle kann die Berechnung des Längenunterschiedes gegen den 15. Längengrad in MEZ vorgenommen werden. Im 15. Längengrad, der als Ausgang für die MEZ dient, kulminiert die Sonne um 12^h WOZ. Unter Berücksichtigung der Zeitgleichung ist WOZ + Zeitgleichung = MOZ, hier gleich MEZ. Die Zeitgleichung ist laut Tabelle für den 2. Juli $+ 3^m 47^s$, wenn man die Änderung der Zeitgleichung während des Sonnenlaufes vom 15. zum 0. Längengrad als sehr klein vernachlässigt. Folglich ist der Zeitpunkt der Kulmination $12^\circ 03^m 47^s$ MEZ im 15. Längengrad. Die Differenz der Zeiten, $12^h 23^m 33^s$ minus $12^h 03^m 47^s$, gibt den Längenunterschied $19^m 46^s$ oder umgerechnet $4^\circ 56{,}5'$, und $15^\circ - 4^\circ 56{,}5' = 10^\circ 03{,}5'$ ist wieder der Längengrad für den Beobachtungsort.

Zu beachten ist, daß im Nautischen Jahrbuch entgegen der Gepflogenheit in anderen Jahrbüchern und in Schulbüchern die Zeitgleichung mit entgegengesetztem Vorzeichen angegeben ist, so daß die Zeitgleichung nach der Formel WOZ + Zeitgl. = MOZ berücksichtigt wird.

11.2 Zweite Übung – Genaueres Verfahren

Die erste Übung läßt sich wesentlich verfeinern, wenn durch Beobachtung in zwei Fernrohrlagen die Instrumentenfehler reduziert und die Ergebnisse aus mehreren Beobachtungen gemittelt werden. Im folgenden soll eine Beobachtungsreihe graphisch unter Verwendung von Millimeterpapier ausgewertet werden. Mit der Zeit als Abszisse und dem Höhenwinkel als Ordinate wird der Verlauf der Kulmination als Kurve dargestellt. Am 21. 8. 1955 wurde die folgende Serie beobachtet, wobei abwechselnd mit Kreis links und Kreis rechts gezielt wurde. Infolge der Verwendung eines Okularprismas brauchte das Fernrohr nicht exzentrisch montiert zu werden. Grundsätzlich wurde der vertikale Strich durch die Sonnenmitte und der horizontale Strich des Strichkreuzes am unteren Sonnenrand tangierend eingestellt, weil dadurch die Höhe genauer erfaßt wird. Das Prisma bewirkt eine Bildaufrichtung, so daß in beiden Fernrohrlagen der untere Sonnenrand wie bei natürlicher Beobachtung gesehen wird.

Beobachtung der oberen Kulmination der Sonne am 21. 8. 1955

Instrument ARISTO-Kleintheodolit

Beob.	Kreis	Zeit MEZ	Vertikalkreis	Horizontalkreis	Zeitmittel	Höhenmittel	Gemittelter Horizontalwinkel	Südrichtung
1	r	$12^h09^m10^s$	48,25°	300,0°	$12^h10^m35^s$	48,325°		
	l	12 00	48,4	121,0	$= 12^h10{,}58^m$			
2	l	14 12	48,5	121,9	15^m21^s	48,425		
	r	16 30	48,35	302,7	$= 15{,}35^m$			
3	r	18 24	48,4	303,3	19^m31^s	48,450		Horizontal-
	l	20 38	48,5	124,3	$= 19{,}52^m$		123,80°	kreis
4	l	23 23	48,45	125,3	24^m31^s	48,425	125,65°	124,90°
	r	25 40	48,4	306,0	$= 24{,}52^m$		$\Delta = 1{,}85°$	für $12^h22^m30^s$
5	r	27 14	48,4	306,6	28^m47^s	48,375	$\frac{1{,}85°}{5^m} = \frac{x}{2{,}98}$	
	l	30 20	48,35	127,8	$= 28{,}78^m$			
6	l	32 57	48,38	128,8	34^m17^s	48,340	$x = 1{,}10°$	
	r	35 37	48,3	309,7	$= 34{,}28^m$		+ 123,80°	
							124,90° zur Zeit der Kulmination	
7	r	37 45	48,25	310,5	38^m55^s	48,275		
	l	40 05	48,3	131,4	$= 38{,}92^m$			

Aus der Kurve kann abgelesen werden, daß die Sonne um $12^h 22^m 30^s$ MEZ mit einer Höhe von $h = 48{,}45° = 48°\,27'$ kulminierte. Da ständig der untere Rand der Sonne angezielt wurde, muß dieser Wert des Höhenwinkels noch auf die Sonnenmitte umgerechnet werden, indem der Radius der Sonne dem Jahrbuch mit $r = 15{,}8'$ entnommen und zum gemessenen Wert addiert

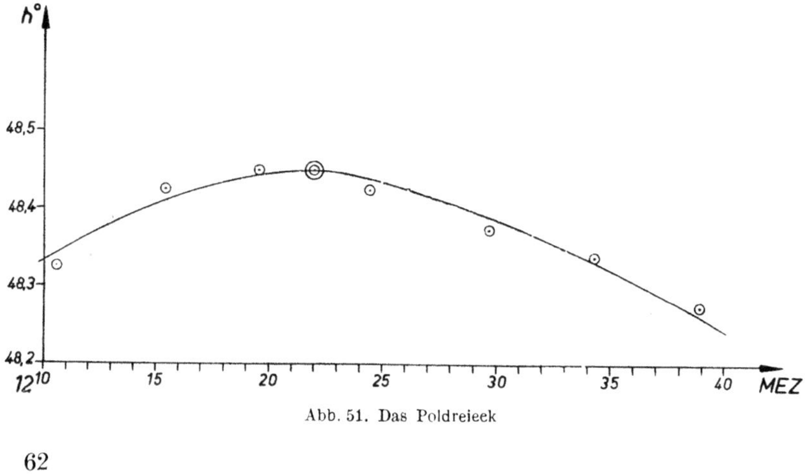

Abb. 51. Das Poldreieck

wird. Als weitere Korrektur ist noch die Refraktion oder mittlere Strahlenbrechung zu berücksichtigen, die für einen Höhenwinkel von 48° mit 0,8′ angegeben wird *). Damit wird der Höhenwinkel

$$\begin{array}{rr} h = & 48^\circ\,27' \\ + & 15{,}8' \\ - & 0{,}8' \\ \hline h' = & 48^\circ\,42' \end{array}$$

11.2.1 Bestimmung der Breite

Die Deklination der Sonne war im Zeitpunkt der Beobachtung ($11^h\,23^m$ MGZ) laut Interpolation im Jahrbuch $\delta = 12^\circ\,17{,}9'$, damit wird

$$\begin{array}{rr} & 90^\circ \\ +\,\delta = & 12^\circ\,17{,}9' \\ \hline 90^\circ + \delta = & 102^\circ\,17{,}9' \\ h' = & 48^\circ\,42' \\ \hline \varphi = & 53^\circ\,35{,}9' \end{array}$$

11.2.2 Bestimmung der Länge

Die geographische Länge kann bei dieser Methode nicht mit der gleichen Genauigkeit bestimmt werden, weil die Sonne in der Kulmination verhältnismäßig lange Zeit unter dem gleichen Höhenwinkel beobachtet wird, so daß es schwer ist, den genauen Zeitpunkt der Kulmination zu erfassen. Der Verlauf der Kurve in der Auswertung läßt die Deutung zu, daß die Sonne etwa um $12^h\,22^m\,30^s$ kulminierte. Aus einem Zeitvergleich mit dem Zeitzeichen des NWDR Hamburg wurde der Uhrstand mit $+\,1^m\,19^s$ ermittelt. Die genauere Zeit war also $12^h\,23^m\,49^s$ MEZ. Analog zur ersten Übung wird die Kulmination im Meridian von Greenwich aus dem Jahrbuch interpoliert mit $12^h\,03^m\,15^s$ MGZ, und mit der in MGZ umgerechneten Beobachtungszeit $11^h\,23^m\,49^s$ ergibt sich der Zeitunterschied $39^m\,26^s$, woraus die Länge $\lambda = 9^\circ\,51{,}5'$ errechnet wird.

11.2.3 Bestimmung des Azimuts

Die Südrichtung wird vom Sonnenstand zur Zeit der oberen Kulmination angegeben. Die stets abgelesenen Horizontalwinkel lassen eine Interpolation des Horizontalwinkels für die Südrichtung zu, die zwischen der 3. und 4. Beobachtung gefunden wird.

3. Beobachtung *Hz* (Mittel aus Kreis l und r) = 123,80° um $12^h\,19{,}52^m$,
4. Beobachtung *Hz* (Mittel aus Kreis l und r) = 125,65° um $12^h\,24{,}52^m$.

---

*) Entnommen aus „Fünfstellige Log-Tafel von *F. C. Gauß*“, Verlag Wittwer, für die Zenitdistanz $z = 90^\circ - 48^\circ\,27' = 41^\circ\,33'$.

Die Werte für *Hz* sind aus den Beobachtungen mit Kreis links und rechts (— 180°) gemittelt.
Der Zeitunterschied zwischen der 3. und 4. Beobachtung beträgt 5 Minuten. In dieser Zeit änderte sich die Horizontalkreisablesung um $\Delta = 1{,}85°$. Die Kulmination erfolgte um $12^h\,22^m\,30^s = 12^h\,22{,}5^m$, also $2{,}98^m$ nach der 3. Beobachtung.
Zur Zeit der Kulmination um $12^h\,22^m\,30^s$ wäre am Horizontalkreis 124,90° abgelesen worden, wie die Rechnung in Spalte „gemittelte Horizontalwinkel" der Tabelle zeigt.
Zur dauerhaften Übertragung der Südrichtung auf die Erde wurde eine Fahnenstange angezielt und am Horizontalkreis 95,3° abgelesen, so daß dieses Ziel 124,90° — 95,30° = 29,60° östlich der Südrichtung liegt. Der Richtungswinkel gegen die Nordrichtung 180° — 29,60° = 150,40° heißt das geodätische Azimut der Fahnenstange.

11.3 Dritte Übung – Genauere Längenbestimmung

Wie in der vorigen Übung bereits hervorgehoben wurde, ist die genaue Zeit- oder Längenbestimmung nach der bisherigen Methode nicht möglich, weil die Zeit der Kulmination nicht genau genug erfaßt wird. Ein genaueres Verfahren besteht darin, die Sonne längere Zeit vor der Kulmination und später unter dem gleichen Höhenwinkel nach der Kulmination anzuzielen. Die Kulmination liegt dann genau in der Mitte der Beobachtungen. Während der Zwischenzeit muß die Standfestigkeit des Instrumentes gewährleistet sein.
In der Praxis spielt sich eine derartige Beobachtung etwa folgendermaßen ab: Die Sonne wird etwa eine Stunde vor der Kulmination angezielt, beide Teilkreise werden abgelesen und der Höhenkreis nicht mehr verstellt, bis die Sonne nach der Kulmination wieder unter dem gleichen Höhenwinkel erscheint. Aus dem Zeitunterschied bis zur Kulmination wird die Zeit des zweiten Durchgangs für den eingestellten Höhenwinkel vorausberechnet, damit das Fernrohr rechtzeitig auf die Sonne gerichtet werden kann.
Erschwert wird die Übung dadurch, daß die Sonne zu einer bestimmten Zeit richtig eingestellt werden muß, ohne daß am Höhenkreis eine Verstellung vorgenommen werden darf. Wenn der Zeitpunkt des Durchgangs der Sonne verpaßt wird, ist die Übung mißlungen.
Weil bei derartigen Beobachtungen nur in einer Fernrohrlage gemessen werden kann, ist es erforderlich, vorher oder danach den Indexfehler des Instrumentes zu bestimmen, indem ein fernes Erdziel in beiden Fernrohrlagen angezielt und die Differenz der beiden Höhenwinkel festgestellt und halbiert wird. Diese halbe Differenz muß dann bei dem Höhenwinkel der Sonnenbeobachtung berücksichtigt werden.
Eine Verfeinerung der Messung ist möglich, indem die Durchgänge des oberen und unteren Sonnenrandes erfaßt werden.

Beispiel

Am 14. 8. 1955 wurde die Sonne um $11^h06^m39^s$ MEZ angezielt und am Höhenkreis 47,7°, am Horizontalkreis 322,7° abgelesen. Die Sonne kulminiert erfahrungsgemäß (siehe vorherige Übung) in Hamburg gegen 12^h25^m MEZ, es dauert also noch 1^h19^m bis zur Kulmination und noch einmal so lange, bis die Sonne wieder unter dem gleichen Höhenwinkel erscheint. In 2 Stunden und 38 Minuten, also gegen 13^h44^m MEZ, muß wieder beobachtet werden. Der Höhenwinkel interessiert bei dieser Messung nicht so sehr, um so mehr der Horizontalwinkel, weil er zur genaueren Erfassung des Azimuts benötigt wird. Vor der Messung wurde ein Erdziel mit 142,6° angeschnitten, damit die Südrichtung für weitere Übungen festgehalten werden kann.

Der zweite Durchgang der Sonne fand um $13^h44^m54^s$ statt, die Ablesung des Horizontalkreises war 21,4°. Der Höhenkreis stand noch auf 47,7°.

Der Mittelwert der beiden Beobachtungszeiten ist $12^h25^m47^s$ MEZ. Laut Zeitzeichen hatte die Uhr einen Stand von $\Delta U = -45^s$, also war die richtige Uhrzeit $12^h25^m02^s$ MEZ. Nach den Berechnungsmethoden der vorangegangenen Übungen ergibt sich aus dieser Uhrzeit und der Kulmination in Greenwich — laut Jahrbuch $12^h04^m43^s$ MGZ — die geographische Länge zu $\lambda = 9° 55{,}3'$.

Der Mittelwert aus beiden Horizontalkreisablesungen ist 352,05°. Da jedoch aus Zielungen nach einer Fahnenstange in beiden Fernrohrlagen ein Zielachsenfehler von 0,1° festgestellt wurde, ist diese Korrektur noch anzubringen. Die Südrichtung liegt also bei der Kreisablesung 352,15°.

Das mit 322,5° angeschnittene Erdziel zur Festlegung des Azimuts liegt damit um 29,65° östlich der Südrichtung oder hat die Richtung 150,35° gegen geographisch Nord, im Uhrzeigersinn gerechnet.

11.4 Zusammenstellung der Ergebnisse für die einfachen Sonnenbeobachtungen

Übung	φ	λ	Azimut
1	(53°40,9′)	(10°03,5′)	—
2	53°35,9′	9°51,5′	150,40°
3	—	9°55,3′	150,35°
Mittel aus 2 und 3	53°35,9′	9°53,4′	150,38°
graphisch aus Karte 1 : 5000	53°34,03′	9°53,22′	—
Differenz	1,87′	0,18′	—

Um möglichst genaue Vergleichswerte zu erhalten, wurden die geographischen Koordinaten für den Beobachtungsort aus der Deutschen Grundkarte 1 : 5000 herausgegriffen.

11.5 Die Zeitbestimmung

In den bisherigen Übungen wurden die geographischen Koordinaten des Beobachtungsortes und das Azimut gegen die Nordrichtung (geographisch Nord) berechnet, indem die Zeit auf Grund eines Zeitvergleichs als bekannt vorausgesetzt wurde. Selbstverständlich kann jetzt auch die Länge als bekannt gelten und der Uhrstand berechnet werden. Die letzte Übung kann abgewandelt auch lauten:

Gegeben ist die geographische Länge $\lambda = 9° 53{,}4' \triangleq 39^m 33^s$ und die Kulmination der Sonne im Mittel der beiden Beobachtungen um $12^h 25^m 47^s$ Uhr MEZ;

gesucht: der Uhrstand im Zeitpunkt der oberen Kulmination der Sonne, d. h. um 12^h MOZ.

Nach den Angaben des Jahrbuches kulminierte die Sonne in Greenwich um $12^h 04^m 43^s$ MGZ, beim Durchgang durch den Ortsmeridian bereits $39^m 33^s$ früher, also um $11^h 25^m 10^s$ MGZ oder $12^h 25^m 10^s$ MEZ, diese Uhrzeit sollte auch die Uhr anzeigen. Da die gemittelte Uhrzeit aus beiden Beobachtungen $12^h 25^m 47^s$ MEZ war, ist der Uhrstand $\Delta U = -37$ Sekunden.

12. Verwendung des Nautischen Dreiecks (Poldreiecks)

Bisher wurde zur Erleichterung der Übungen der Sonderfall der oberen Kulmination herausgegriffen, so daß nur eine gute Allgemeinbildung über die Erdbewegung vorausgesetzt wurde. Wird die sphärische Trigonometrie bereits beherrscht, können die geographischen Koordinaten, die Zeit oder das Azimut auch zu anderen Zeiten bestimmt werden, die vielleicht besser in den Stundenplan hineinpassen.

Zwischen den Koordinaten des Horizontsystems und des Äquatorsystems bestehen die schon früher erwähnten Beziehungen im Poldreieck, das auch nautisches Dreieck genannt wird. Die Eckpunkte dieses Dreiecks sind das Gestirn, der Himmelspol und der Zenit des Beobachtungsortes; Größtkreise durch diese Punkte bilden die Seiten:

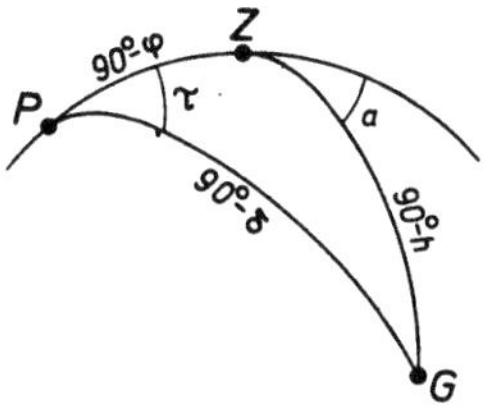

Abb. 52. Breitenbestimmung bei verschiedenen Kulminationen

$$PZ = 90° - \varphi,$$
$$ZG = 90° - h = z \text{ (Zenitdistanz)},$$
$$PG = 90° - \delta.$$

Ferner sind die Winkel $\sphericalangle PZG = 180° - a$ und $\sphericalangle ZPG = \tau$ im Poldreieck von Bedeutung.

Die Formeln der sphärischen Trigonometrie ermöglichen die Aufstellung folgender Beziehungen nach dem Sinussatz und Kosinussatz (vgl. *Hanxleden-Hentze,* Oberstufe Geometrie):

$$\text{I} \quad \sin h = \sin\varphi \sin\delta + \cos\varphi \cos\delta \cos\tau$$
$$\text{II} \quad \sin\delta = \sin h \sin\varphi - \cos h \cos\varphi \cos a$$
$$\text{III} \quad \sin a \cos h = \sin\tau \cos\delta$$

Ferner $\text{IV} \quad \cos a \cos h = -\cos\varphi \sin\delta + \sin\varphi \cos\delta \cos\tau$

(Aus *Jordan-Eggert,* Handb. d. Vermessungskunde, Bd. III/1)

Daraus ergeben sich die folgenden Formeln für die Berechnung der gesuchten Größen bei der astronomischen Orts- und Zeitbestimmung:

$$\text{A} \quad \cos\tau = \frac{\sin h}{\cos\varphi \cos\delta} - \operatorname{tg}\varphi \operatorname{tg}\delta$$

$$\text{B} \quad \cos a = \frac{\sin\varphi \sin h - \sin\delta}{\cos\varphi \cos h}$$

$$\text{C} \quad \cos(\varphi - M) = \frac{\sin h \sin M}{\sin\delta},$$ wenn das Gestirn südlich des Zenits steht, wobei $\operatorname{tg} M = \frac{\operatorname{tg}\delta}{\cos\tau}$ ist.

$$\text{C}' \quad \cos(M - \varphi) = \frac{\sin h \sin M}{\sin\delta},$$ wenn das Gestirn nördlich des Zenits steht.

$$\text{D} \quad \operatorname{tg} a = \frac{\cos\delta \sin\tau}{\sin\varphi \cos\delta \cos\tau - \cos\varphi \sin\delta}$$

(Aus Division von Gl. III und IV)

Gleichung C wird folgendermaßen abgeleitet:

Setzt man in Gleichung I

$$\sin \delta = n \cdot \sin M$$

und

$$\cos \delta \ \cos \tau = n \cdot \cos M$$

so wird

$$\operatorname{tg} M = \frac{\operatorname{tg} \delta}{\cos \tau}$$

Aus I wird:

$$\sin h = \sin \varphi \cdot n \cdot \sin M + \cos \varphi \cdot n \cdot \cos M$$

$$\sin h = n \cdot (\sin \varphi \sin M + \cos \varphi \cos M)$$

$$\sin h = n \cdot \cos (\varphi - M).$$

$$\cos (\varphi - M) = \frac{\sin h}{n}; \qquad n = \frac{\sin \delta}{\sin M} \text{ (siehe oben)}$$

Mit diesen Formeln A, B, C und D sowie der bereits bekannten Beziehung zwischen τ und λ kann jede der gesuchten Größen berechnet werden, wenn drei der Größen h, φ, τ, λ, a bekannt sind. Obwohl für die Beobachtungen ein großer Zeitraum zur Verfügung steht, gibt es doch ganz bestimmte Standorte der Gestirne, für welche die Ergebnisse am genauesten werden, wenn die Ausgangswerte nur genähert bekannt sind. Darauf wird im folgenden besonders hingewiesen werden.

12.1 Breitenbestimmungen

Fehlertheoretische Betrachtungen, deren Erläuterung über den Rahmen dieses Heftes hinausgehen würde, zeigen, daß Breitenbestimmungen möglichst in der Nähe des Meridians durchgeführt werden sollen, weil dann eine ungenaue Zeitangabe der Uhr und eine Ungenauigkeit in der Messung des Höhenwinkels sich am wenigsten auswirken. Jedoch geht selbst in dieser günstigen Meridianbeobachtung ein Fehler der Höhenmessung voll ein, so daß man bei der Anordnung der Beobachtung darauf bedacht sein muß, den Höhenwinkel möglichst genau zu messen, indem mehrere Beobachtungen in beiden Fernrohrlagen vor und nach der Kulmination ausgeführt werden. Je kleiner der Stundenwinkel ist, um so weniger wirkt sich ein Fehler in der Uhrzeit aus. Man braucht jedoch auch nicht allzu ängstlich zu sein. Auf Grund der verhältnismäßig einfachen Zeitvergleichung mittels Radio kann das Gestirn auch noch einige Stunden vor oder nach der Kulmination beobachtet werden.

12.1.1 Vierte Übung — Breitenbestimmung durch Sonnenbeobachtung in Meridiannähe

Beispiel

Die dritte Beobachtung der zweiten Übung (s. S. 62) soll rechnerisch ausgewertet werden. Am 21. 8. 1955 wurde der untere Sonnenrand zur

Zeit $12^h\,19^m\,31^s$ mit dem Höhenwinkel $h = 48°\,27'$ beobachtet (Mittelwerte aus der Messung in zwei Fernrohrlagen).

Beobachtungszeit $12^h\,19^m\,31^s$ MEZ	$\triangleq$ $11^h\,19^m\,31^s$ MGZ	
Uhrstand ΔU	$= +1^m\,19^s$ MGZ	
Genauere Zeit der Beobachtung	$= 11^h\,20^m\,50^s$ MGZ	
Kulmination in Greenwich	$12^h\,03^m\,15^s$ MGZ	(aus dem Jahrbuch)
Länge des Beobachtungsortes	$-\ 39^m\,33^s$	(im Zeitmaß)
Kulmination im Beobachtungsort	$11^h\,23^m\,42^s$ MGZ	
Zeit der Beobachtung	$11^h\,20^m\,50^s$ MGZ	
Stundenwinkel $\tau = -$	$2^m\,52^s \triangleq -43{,}0'$	

$\delta = +12°\,17{,}9'$ für die Zeit der Beobachtung (aus dem Jahrbuch)

$h = 48°\,27{,}0'$ (beobachtet)
$+\ 15{,}8'$ Sonnenradius
$48°\,42{,}8'$
$-\ 0{,}8'$ Refraktion
$h' = 48°\,42{,}0'$

Durch Einsetzen in die Gleichungen C auf Seite 67 ergibt die logarithmische Rechnung:

$$\operatorname{tg} M = \frac{\operatorname{tg} 12°\,17'\,54''}{\cos(-0°\,43'\,00'')}$$

$\operatorname{tg} 12°\,17'\,54''$	9·33847
$\cos(-0°\,43'\,00'')$	9·99997
$\operatorname{tg} M$	9·33850

$M = 12°\,17'\,57''$

$$\cos(\varphi - M) = \frac{\sin 48°\,42'\,00'' \cdot \sin 12°\,17'\,57''}{\sin 12°\,17'\,54''}$$

$\sin 48°\,42'\,00''$	9·87579	
$\sin 12°\,17'\,57''$	9·32841	+
	9·20420	
$\sin 12°\,17'\,54''$	9·32838	−
$\cos(\varphi - M)$	9·87582	

$\varphi - M = 41°\,17'\,44''$
$M = 12°\,17'\,57''$
$\varphi = 53°\,35'\,41''$
oder $\varphi = 53°\,35{,}7'$

Derartige Rechnungen werden mit einem Rechenstab (z. B. ARISTO-Scholar LL), der mit einer festen und einer beweglichen Sinusskala ausgestattet ist, sehr vereinfacht. Man rechnet dann mit Dezigraden. In dem vorliegenden Beispiel ist der Stundenwinkel $0{,}7°$ so klein, daß $\cos \tau$ gleich 1 gesetzt werden kann. Damit wird $M = \delta$ und $\varphi - M = 90° - h'$

$\delta = 12{,}30°$ $\quad M = 12{,}30°$
$h' = 48{,}7°$ $\quad \varphi - M = 41{,}30°$
$\varphi = 53{,}6°$

12.1.2 Fünfte Übung — Breitenbestimmung mit größerem Stundenwinkel

Am 14. 8. 1955 wurde der untere Sonnenrand beiderseits des Meridians zu folgenden Zeiten beobachtet. Beobachtungsort: Hamburg-Gr. Flottbek. Instrument: ARISTO-Kleintheodolit.

Beobachtung	Kreis	Zeit MEZ	Zeitmittel	Höhenkreis	Mittel
I	l	$10^h 24^m 40^s$	$10^h 25^m 45^s$	44,0°	44,10°
	r	$10^h 26^m 50^s$		44,2°	
II	r	$10^h 30^m 16^s$	$10^h 31^m 48^s$	44,55°	44,72°
	l	$10^h 33^m 20^s$		44,9°	
III	r	$13^h 44^m 54^s$	$13^h 46^m 42^s$	47,7°	47,70°
	l	$13^h 48^m 30^s$		47,7°	
IV	l	$13^h 50^m 57^s$	$13^h 51^m 55^s$	47,5°	47,25°
	r	$13^h 52^m 53^s$		47,0°	

Uhrstand $\Delta U = -45^s$

Auswertung der Beobachtung I:

Zeit der Beobachtung		$10^h 25^m 45^s$ MEZ	
Uhrstand	$\Delta U =$	-45^s	
Verbesserte Zeit		$10^h 25^m 00^s$ MEZ	
	oder	$9^h 25^m 00^s$ MGZ	
Kulmination in Greenwich		$12^h 04^m 43^s$ MGZ	(aus dem Jahrbuch)
Geographische Länge	$\lambda =$	$39^m 33^s$	aus der Karte
Kulmination am Beobachtungsort		$11^h 25^m 10^s$ MGZ	
Zeit der Beobachtung		$9^h 25^m 00^s$ MGZ	$\delta = 14° 33{,}4'$ aus dem Jahrbuch
Stundenwinkel	$\tau = -$	$2^h 00^m 10^s \triangleq -30° 02' 30''$	

$h = 44{,}10° = 44° 06{,}0'$
Sonnenradius $+ 15{,}8'$
$44° 21{,}8'$
Strahlenbrechung $- 1{,}0'$
$h' = 44° 20{,}8'$

$$\operatorname{tg} M = \frac{\operatorname{tg} 14° 33' 24''}{\cos 30° 02' 30''} \qquad \begin{array}{|l} 9 \cdot 41443 \\ 9 \cdot 93734 \\ \hline 9 \cdot 47709 \end{array} \qquad M = 16° 41' 53''$$

$$\cos(\varphi - M) = \frac{\sin 44° 20' 48'' \cdot \sin 16° 41' 53''}{\sin 14° 33' 24''}$$

$\sin 44° 20' 48''$	$9 \cdot 84447$	
$\sin 16° 41' 53''$	$9 \cdot 45838$	+
	$9 \cdot 30285$	
$\sin 14° 33' 24''$	$9 \cdot 40026$	−
$\cos(\varphi - M)$	$9 \cdot 90259$	

$\varphi - M = 36° 57' 27''$
$M = 16° 41' 53''$

$\varphi = 53° 39{,}20''$
$\varphi = 53° 39{,}3'$

Mit dem Rechenstab ARISTO-Scholar LL

$$\begin{aligned} \delta &= 14{,}56° \\ \tau &= 30{,}03° \\ h' &= 44{,}35° \\[4pt] M &= 16{,}72 \\ \varphi - M &\doteq 36{,}9 \\ \hline \varphi &= 53{,}62 = 53°37' \end{aligned}$$

Werden die Beobachtungen II, III und IV nach dem gleichen Schema durchgerechnet, ergeben sich die folgenden Werte für die Breite φ

I	$\varphi = 53°\,39'\,20''$	
II	$\varphi = 53°\,37'\,46''$	Mittelwert $\underline{\varphi = 53°\,33'\,04''}$
III	$\varphi = 53°\,26'\,20''$	
IV	$\varphi = 53°\,29'\,53''$	

12.2 Sechste Übung – Zeitbestimmung durch Sonnenbeobachtung im 1. Vertikal

Instrument: Kleintheodolit Nr. 32404

Am 3. 9. 1955 wurde die Sonne in beiden Fernrohrlagen so beobachtet, daß sie am Horizontal- und Vertikalfaden tangierte.

Beobachtung mit Okularprisma:

Kreis	Zeit	Mittel	Horizontalkreis	Mittel	Vertikalkreis	Mittel
r l	$17^h\,42^m\,12^s$ $45^m\,19^s$	$17^h\,43^m\,46^s$	83,95° 264,15°	84,05°	11,35° 11,00°	11,175°

Stellung der Sonne im Strichkreuz 

$\varphi = 53°\,34'\,02''$ Beobachtungszeit $17^h\,43^m\,46^s$ MEZ $\triangleq$ $16^h\,43^m\,46^s$ MGZ

$\lambda = 39^m\,33^s$ $\delta = 7°\,40{,}14' = 7°\,40'\,08''$

$$\begin{aligned} h = 11{,}175° &= 11°\,10{,}5' \\ \text{Sonnenradius} &\quad\ \ 15{,}9 \\ \hline &\ \ 11°\,26{,}4' \\ &-\ \ 4{,}7' \quad \text{mittl. Strahlenbrechung für } z = 78°\,33{,}6' \\ \hline h' &= 11°\,21{,}7' \end{aligned}$$

$$\cos\tau = \frac{\sin 11°\,21'\,42''}{\cos 53°\,34'\,02'' \cdot \cos 7°\,40'\,08''} - \operatorname{tg} 53°\,34'\,02'' \cdot \operatorname{tg} 7°\,40'\,08''$$

sin 11°21′42″	9 · 29447
1/cos 53°34′02″	0 · 22632
1/cos 7°40′08″	0 · 00390
0,33472	9 · 52469
– 0,18238	
0,15234	9 · 18281

tg 53°34′02″	0 · 13188
tg 7°40′08″	9 · 12912
0,18238	9 · 26098

$$\tau = 81°\,14'\,15''$$
$$\tau = 5^h\,24^m\,53^s$$

Kulmination in Greenwich		$11^h\,59^m\,32^s$ MGZ
	$\lambda =$	$-\,39^m\,33^s$
		$11^h\,19^m\,59^s$ MGZ
Kulmination im Beobachtungsort		$12^h\,19^m\,59^s$ MEZ
	$\tau =$	$5^h\,24^m\,53^s$
		$17^h\,44^m\,52^s$ MEZ soll
		$17^h\,43^m\,46^s$ ist
	$\Delta U =$	$+\,1^m\,06^s = +\,66^s$
Zeitvergleich ΔU		$= +\,58^s$

Der Fehler der Zeitbestimmung beträgt also 8^s.

12.2.1 Siebente Übung – Zeitbestimmung etwa 4 Stunden nach der Kulmination

durch Sonnenbeobachtung am 17. 9. 1955. Beobachtungsort: Hamburg-Gr. Flottbek. Instrument: Dioptertheodolit Nr. 33 394. Zielung auf Sonnenmitte.

Kreis		Zeit (MEZ)	Mittel	Vertikalkreis	Mittel
I.	r	$16^h\,51^m\,05^s$		14,1°	
	l	$16^h\,52^m\,10^s$	$16^h\,51^m\,37^s$	13,7°	13,90°
II.	l	$16^h\,53^m\,20^s$		13,4°	
	r	$16^h\,55^m\,15^s$	$16^h\,54^m\,18^s$	13,6°	13,50°

$\varphi = 53°\,34'\,06''$ $\qquad\lambda = 39^m\,33^s$

Beobachtung II:

$$\begin{aligned}
&\text{Uhrzeit } 16^h\,54^m\,18^s \text{ MEZ} \mathrel{\hat{=}} 15^h\,54^m\,18^s \text{ MGZ}\\
&\delta = 2°\,23{,}4' = 2°\,23'\,24''\\
&h = 13{,}50° = 13°\,30'\\
&\text{Strahlenbrechung } -4' \text{ (für } z = 76°\,30')\\
&h' = 13°\,26'
\end{aligned}$$

$$\cos\tau = \frac{\sin 13°\,26'}{\cos 53°\,34'\,06'' \cdot \cos 2°\,23'\,24''} - \operatorname{tg} 53°\,34'\,06'' \cdot \operatorname{tg} 2°\,23'\,24''$$

sin 13° 26′	9·36608
1/cos 53° 34′ 06″	0·22632
1/cos 2° 23′ 24″	0·00038
0,39155	9·59278
– 0,05655	
0,33500	9·52504

tg 53° 34′ 06″	0·13188
tg 2° 23′ 24″	8·62053
0,05655	

$\tau = 70°\,25'\,40'' \mathrel{\hat{=}} 4^h\,41^m\,43^s$

lt. Naut. Jahrbuch:

Kulmination in Greenwich $11^h 54^m 43^s$ MGZ

$\lambda = -39^m 33^s$

Kulmination in Hamburg $11^h 15^m 10^s$ MGZ

Kulmination in Hamburg $12^h 15^m 10^s$ MEZ

$\tau = 4^h 41^m 43^s$

$16^h 56^m 53^s$ MEZ

beobachtet $16^h 54^m 18^s$ MEZ

$\Delta U = +2^m 35^s$

Beobachtung I:

Uhrzeit $16^h 51^m 37^s$ MEZ $\triangleq$ $15^h 51^m 37^s$ MGZ

$\delta = 2^\circ 23{,}5' = 2^\circ 23' 30''$

Höhenwinkel $h = 13{,}90^\circ = 13^\circ 54'$

Strahlenbrechung $-\ 3' 50''$ (für $z = 76^\circ 06'$)

$h' = 13^\circ 50' 10''$

$\sin 13^\circ 50' 10''$	9·37866
$1/\cos 53^\circ 34' 06''$	0·22632
$1/\cos 2^\circ 23' 30''$	0·00038
0,40305	9·60536
– 0,05659	
0,34646	9·53965

$\mathrm{tg}\, 53^\circ 34' 06''$	0·13188
$\mathrm{tg}\, 2^\circ 23' 30''$	8·62083
0,05659	8·75271

$\tau = 69^\circ 43' 46'' \triangleq 4^h 38^m 55^s$

Kulmination in Hamburg $12^h 15^m 10^s$ MEZ

$16^h 54^m 05^s$ MEZ

beobachtet $16^h 51^m 37^s$

$\Delta h = 2^m 28^s$

Mittel aus Beobachtung I und II:

$\Delta U = +2^m 32^s$

Die Uhr ging also $2^m 32^s$ nach.

12.3 Achte Übung – Azimutbestimmung durch Sonnenbeobachtung

Wie die Zeitbestimmung wird auch die Azimutbestimmung am genauesten, wenn die Sonne 6 Stunden vor oder nach der Kulmination (1. Vertikal) beobachtet wird. Zur Azimutbestimmung muß wieder ein Erdziel in die Messung einbezogen werden, mit dessen Hilfe die astronomische Orientierung für anschließende Messungen festgehalten wird.

Die Uhrzeit wird nur zur Entnahme der Deklination aus dem Jahrbuch benötigt. Da der Höhenwinkel und der Horizontalwinkel in Richtung Sonnenmitte verlangt werden, ist es ratsam, bei Beobachtung in zwei Fernrohrlagen erst den oberen und linken , dann den unteren und rechten Sonnenrand  anzuzielen. Dadurch erhält man bei der Mittelbildung die benötigte Zielung nach der Sonnenmitte. Mit dem Dioptertheodolit wird die Sonnenmitte direkt angezielt.

Beispiel:

Sonnenbeobachtung am 13. 7. 1955 mit einem Kleintheodolit. Die bereits aus der Messung in zwei Fernrohrlagen gemittelten Beobachtungsergebnisse sind:

Beobachtung	Uhrzeit MEZ	Höhenkreis	Horizontalkreis	Erdziel
I	$17^h 57^m 10^s$	21,938	124,02°	
II	$18^h 07^m 20^s$	20,497	125,97°	356,81°

Uhrstand $\Delta U = -1^m 43^s$ laut Zeitzeichen NWDR für 18^h MEZ.

Messung I:

Uhrzeit der Beobachtung $17^h 57^m 10^s$ MEZ $\triangleq$ $16^h 57^m 10^s$ MGZ

$$\Delta U = -1^m 43^s$$

$$16^h 55^m 27^s$$

Für diese Zeit gibt das Naut. Jahrbuch an:

$$\delta = 21^\circ 52{,}7' = 21{,}88^\circ$$

Geographische Breite $\varphi = 53^\circ 34{,}03' = 53{,}57^\circ$ (vgl. Kap. 11.4)

Gemessene Höhe $h = 21^\circ 56' 15''$

Strahlenbrechung $-2' 23''$ (für $z = 68^\circ 03' 45''$

$$h' = 21^\circ 53' 52'' = 21{,}90^\circ$$

$$\cos a = \frac{\sin\varphi \cdot \sin h' - \sin\delta}{\cos\varphi \cdot \cos h'} \quad \text{(s. Gl. B, Kap. 12)}$$

Für die Ausrechnung mit dem Rechenstab ARISTO-Scholar LL ist es praktisch, erst den Zähler auszurechnen und anschließend die cos-Werte mit der Zungenskala S nacheinander zu dividieren. Dann kann die ganze Rechnung für cos a mit umgesteckter Zunge ausgeführt werden.

$$a = 180^\circ - 82{,}42^\circ = 97{,}58^\circ$$

Ablesung am Horizontalkreis	124,02°
Kreisablesung für die Südrichtung	26,44°
Ablesung für das Erdziel	356,81°
Das Erdziel liegt östl. der Südrichtung	29,63°
oder gegen Norden	150,37°

Messung II:

Uhrzeit der Beobachtung		$18^h\,07^m\,20^s$ MEZ
Uhrstand	ΔU	— $1^m\,43^s$
		$18^h\,05^m\,37^s$ MEZ $\triangleq$ $17^h\,05^m\,37^s$ MGZ

$$\delta = 21°\,52'\,7'' = 21{,}88°$$
$$\varphi = 53°\,34'\,03'' = 53{,}570$$
$$h = 20°\,29'\,48''$$
$$\text{Refr.} = -2'\,35'' \quad (\text{für } z = 69°\,30'\,12'')$$
$$h' = 20°\,27'\,13'' = 20{,}46°$$
$$a = 180° - 80{,}50° = 99{,}50°$$

Ablesung am Horizontalkreis	= 125,97°
Ablesung für Südrichtung	26,47°
Ablesung für Erdziel	356,81°
Erdziel östl. der Südrichtung	29,66°
oder gegen Norden	150,34°
Mittel aus Beobachtung I und II	150,355°

13. Sternbeobachtungen

Das Auffinden der bekanntesten Sternbilder ist für die Beobachtung der Sterne Voraussetzung. Vor den Beobachtungen muß die Orientierung am Himmel geübt werden, damit wenigstens die bekanntesten Sternbilder — Großer Bär, Kleiner Bär, Cassiopeia, Orion, Leier, Fuhrmann und selbstverständlich der Polarstern — gefunden werden.
Ein schönes Mittel zum Auffinden der Fixsterne und Planeten ist die Kosmos-Sternkarte, herausgegeben von der Franckh'schen Verlagshandlung, Stuttgart. Das wesentliche Merkmal dieser Sternkarte besteht darin, daß durch Eindrehen der Uhrzeit über den Jahrestag das jeweilige Bild des Sternenhimmels eingestellt werden kann. Die Orientierung wird damit wesentlich erleichtert, weil die Sternkarte mit den bezeichneten Sternbildern und der Sternenhimmel bequem miteinander verglichen werden können.
Die markantesten Fixsterne haben in den Jahrbüchern und deren Sternkarten Nummern, nach denen man sie im Jahrbuch auffinden und ihre Koordinaten entnehmen kann.
Das Anzielen der hellen Sterne bietet keine großen Schwierigkeiten, wenn man sie vorher über das Fernrohr hinweg grob anzielt. Als wertvolle Hilfe kann die Höhe h für eine genäherte Uhrzeit mit Hilfe der Daten des Jahrbuches vorausberechnet werden. Wird dieser Höhenwinkel am Theodolit eingestellt und das Instrument nur noch um seine vertikale Achse in die Zielrichtung gedreht, befindet sich der Stern bald im Gesichtsfeld.
Die Vorausberechnung ist vor allem dann notwendig, wenn Teile des Sternbildes durch Wolken verdeckt sind, so daß die Orientierung am Himmel erschwert wird.
Vor der Auswertung der Messungen ist es ratsam, die Angaben über die Koordinatensysteme (Kap. 10.1) und die Erklärungen im Jahrbuch eingehend zu studieren, da die Handhabung der verschiedenen Jahrbücher unterschiedlich ist.

13.1 Die Sternzeit

Erklärungen über die Sternzeit werden bewußt erst an dieser Stelle gebracht, wo sie unmittelbar danach gebraucht werden, denn dieses Kapitel ist nicht ganz einfach.
In Abb. 49 ist τ, der Stundenwinkel des Gestirns, eine bestimmende Größe des Poldreiecks, er gibt die Zeit an, die seit der oberen Kulmination des Gestirns vergangen ist.

Die Rektaszension α ist der Winkel zwischen dem Stundenkreis des Gestirns und dem Stundenkreis des Frühlingspunktes, gemessen am Pol, der wie ein Längenunterschied auf der Erde in Graden oder in Stunden gezählt wird. Obwohl die Rektaszension im Poldreieck nicht vorkommt, wird sie bei der Berechnung des Stundenwinkels benötigt. Sie ist für jeden Fixstern eine nahezu konstante Größe, die im Jahrbuch tabelliert ist. Der Frühlingspunkt spielt nur die Rolle des Nullpunktes für die Rektaszensionen der Gestirne untereinander, der mit den Gestirnen zusammen die tägliche Bewegung mitmacht.. Wenn ϑ der Stundenwinkel des Frühlingspunktes für den Ortsmeridian ist, gilt für ein Gestirn westlich des Meridians

$$\vartheta = \alpha + \tau \qquad \tau = \vartheta - \alpha.$$

Für ein Gestirn östlich des Meridians gilt

$$\vartheta = \alpha + \tau \qquad \tau = \alpha - \vartheta.$$

Bei der Kulmination des Gestirns ist $\tau = 0^\circ$ und damit $\vartheta = \alpha$.

Der Stundenwinkel ϑ des Frühlingspunktes heißt die Sternzeit des Beobachtungsortes. Der Sterntag beginnt im Beobachtungsort, wenn der Frühlingspunkt kulminiert. Die Rektaszension für jeden im Ortsmeridian kulminierenden Stern gibt die Orts-Sternzeit an. Umgekehrt kann mit einer richtiggehenden Sternzeituhr im Augenblick der Kulmination die Rektaszension des Gestirns abgelesen werden.

Im Schulgebrauch wird selten eine nach Sternzeit gehende Uhr zur Verfügung stehen, deshalb ist noch einiges über die Umrechnung der Sternzeit in die für das bürgerliche Leben maßgebende MEZ und auch für die Umkehrung zu sagen.

Ein Sterntag von 24 Stunden Sternzeit ist die Zeit zwischen zwei aufeinanderfolgenden oberen Kulminationen eines Fixsternes im Beobachtungsort.

Ein mit der Sonne gleichzeitig kulminierender Stern würde bei der nächsten Kulmination etwa $3^m 57^s$ früher durch den Meridian gehen als die Sonne. Ein Jahr hat demzufolge 366,24 Sternentage, aber nur 365,24 mittlere Sonnentage. Daraus ergeben sich folgende Umrechnungswerte:

$$24^h\,00^m\,00^s \text{ MOZ} = 24^h\,03^m\,57^s \text{ STZ (Sternzeit)}$$
$$1^h \text{ MOZ} = 1{,}0027^h \text{ STZ}$$
$$24^h\,00^m\,00^s \text{ STZ} = 23^h\,56^m\,04^s \text{ MOZ}$$
$$1^h \text{ STZ} = 0{,}9973^h \text{ MOZ}$$

Für derartige Umrechnungen gibt es in jedem Jahrbuch Tabellen, gleichfalls in vielen Logarithmentafeln und Lehrbüchern der Astronomie.

Damit eine Beziehung zwischen der Sternzeit und der mittleren Zeit hergestellt werden kann, wird in den Jahrbüchern die Sternzeit für 0^h MGZ jedes Tages angegeben.

13.1.1 Umwandlung von MEZ in Sternzeit

Das Berliner Astronomische Jahrbuch gibt für den Stern „Capella" im Sternbild Fuhrmann am 31. 10. 1955 folgende Daten:

Rektaszension	$= 5^h\,13^m\,26^s$,
Sternzeit für 0^h Weltzeit	$= 2^h\,34^m\,12^s$.

Die Beobachtungszeit $23^h\,47^m\,16^s$ MEZ soll in Sternzeit verwandelt werden. Unter Berücksichtigung des Unterschiedes von einer Stunde zwischen MEZ und MGZ war die Beobachtungszeit identisch mit $22^h\,47^m\,16^s$ MGZ.
Die Umwandlungstafel von mittlerer Zeit in Sternzeit gibt folgende Korrektion:

für 22 Stunden	$+\;3^m\,36{,}8^s$
47 Minuten	$+\;7{,}7^s$
16 Sekunden	$+\;0{,}0^s$
Korrektion für die Beobachtungszeit	$+\;3^m\,44{,}5^s$
Beobachtungszeit	$22^h\,47^m\,16^s$ MGZ
$23^h\,47^m\,16^s$ MEZ $\triangleq$	$22^h\,51^m\,00^s$ STZ

13.1.2 Berechnung des Ortsstundenwinkels

für den bekannten Beobachtungsort in Hamburg-Gr. Flottbek

Für 0^h MGZ gibt das astronomische Jahrbuch	$\vartheta_{Gr} =$	$2^h\,34^m\,12^s$ STZ
$22^h\,47^m\,16^s$ MGZ später, entsprechend der obigen Rechnung in Kap. 13.1.1		$22^h\,51^m\,00^s$ STZ
Sternzeit in Greenwich zur Zeit der Beobachtung ist		$25^h\,25^m\,12^s$ STZ
		$-\;24^h$
		$1^h\,25^m\,12^s$ STZ
Länge des Beobachtungsortes in Sternzeit		$39^m\,26^s$
Sternzeit in Hamburg	$\vartheta_0 =$	$2^h\,04^m\,38^s$
Rektaszension für Capella	$\alpha =$	$5^h\,13^m\,26^s$
Stundenwinkel für Capella (östlich des Meridians)	$\tau =$	$3^h\,08^m\,48^s$ STZ

In der Umkehrung, Verwandlung von STZ in MEZ, wird zuerst die Greenwicher Sternzeit mit Hilfe des Längenunterschiedes ausgerechnet, hiervon zieht man die Sternzeit für 0^h Weltzeit ab. Das so erhaltene, seit 0^h MGZ vergangene Zeitintervall in Sternzeit wird in mittlere Zeit und MEZ umgewandelt.

Für das Nautische Jahrbuch sind die folgenden Abänderungen zu beachten: Dort ist nicht die Rektaszension α, sondern der Sternwinkel $360° - \alpha$ angegeben (im Uhrzeigersinn zählend), und die Deklination ist mit Abweichung bezeichnet. Für jede volle Stunde in MGZ ist der Greenwicher Stundenwinkel des Frühlingspunktes angegeben, so daß nur noch die Korrektion für die Minuten aus der Schalttafel entnommen werden muß.

Das Nautische Jahrbuch bietet für den Gebrauch in der Schule den Vorteil, daß die Umrechnung der MGZ in Sternzeit gar nicht nötig ist, und mit der um eine Stunde verminderten MEZ kann sofort in die Tafeln eingegangen werden.

Der Stundenwinkel eines Gestirns ergibt sich bei Benutzung des Nautischen Jahrbuches aus der Addition des Sternwinkels und des Greenwicher Stundenwinkels für den Frühlingspunkt zur Beobachtungszeit in MGZ.

$$\tau_{Gr} = \vartheta_{Gr} + (360 - \alpha)$$

τ_{Gr} = Gr. Stundenwinkel des Frühlingspunktes + Sternwinkel

Ortsstundenwinkel $\tau = \tau_{Gr} \pm \lambda$

Die analoge Berechnung des Ortsstundenwinkels mit dem Nautischen Jahrbuch sieht folgendermaßen aus:

Beobachtung Capella am 31. 10. 1955 um $23^h 47^m 16^s$ MEZ
$\mathrel{\widehat{=}} 22^h 47^m 16^s$ MGZ

Greenwicher Stundenwinkel des Frühlingspunktes für 22^h	=	$9° 25,6'$	(Jahrbuch)
dazu Interpolation in Schalttafel für $47^m 16^s$	+	$11° 50,9'$	(Spalte Frühlpkt.)
Sternwinkel für Fixstern Capella Nr. 18	+	$281° 38,0'$	
Stundenwinkel für Greenwich		$302° 54,5'$	
Berücksichtigung der Länge	+	$9° 53,2'$	
		$312° 47,7'$	
Capella befindet sich östlich des Meridians		$360°$	
Ortsstundenwinkel	$\tau_ö$ =	$47° 12,3'$	
	$\mathrel{\widehat{=}}$	$3^h 08^m 48^s$ STZ	

Bei der Handhabung der Schalttafel ist darauf zu achten, daß für Sternbeobachtungen die mit „Frühlingspunkt“ überschriebene Spalte benutzt werden muß.

13.3 Vorbereitungen für Sternbeobachtungen

Die Beobachtungen der Sterne sind schwieriger als die bisher beschriebenen Sonnenbeobachtungen, weil sich die Messungen im Dunkeln abspielen und an Stelle der einen Sonne die Vielzahl der Sterne tritt, so daß dicht beieinanderliegende Sterne verwechselt werden können.

Als Vorübung sollte daher das Anzielen von Sternen, das Verfolgen, das Ablesen der Uhr und der Teilkreise geprobt werden. Die Übungen sind zweckmäßig so zu legen, daß noch bei Tageslicht die Justierung des Theodolits geprüft wird. Vor allem muß die Dosenlibelle gut justiert sein und die Stehachse lotrecht stehen. Das Strichkreuz läßt sich bei Tageslicht leichter für das Auge des Beobachters scharf einstellen. Ein geübter Beobachter wird alle diese Arbeiten selbstverständlich auch im Dunkeln ausführen. Für den Anfänger ist es besser, wenn er sich allein auf die Beobachtung des Sternes konzentrieren kann. Die Geschwindigkeit, mit der sich die Sterne bewegen, ist sehr verschieden. Die polnahen Sterne bewegen sich sehr langsam, diejenigen in der Nähe des Horizontes dagegen sehr schnell; darauf muß man sich einstellen.

13.3.1 Auffinden der Sterne durch Vorausberechnen von Höhe und Azimut

Das Auffinden und Anzielen heller Fixsterne bietet im allgemeinen keine Schwierigkeiten, wenn Sternkarten benutzt werden. Das Finden eines weniger bekannten Sternes oder auch die Bestätigung in Zweifelsfällen ist einfach, wenn man das Azimut und die Höhe des Sternes kennt und das Fernrohr des Theodolits durch Einstellung dieser Werte am Horizontalkreis und Vertikalkreis auf den Stern richtet. Das Azimut und die Höhe können nicht dem Jahrbuch entnommen werden, weil diese Werte von dem Beobachtungsort abhängig sind; sie müssen daher mit Hilfe der Gleichungen I, III oder D (S. 67) für die gewünschte Zeit vorausberechnet werden, damit man sie im voraus am Theodolit einstellen kann.

Beispiel

Der Fixstern Wega (α Lyrae, Nr. 69 im Nautischen Jahrbuch) soll am 11. 11. 1955 um 21^h MEZ beobachtet werden. Ort Hamburg-Gr. Flottbek, $\varphi = 53^\circ 34'$, $\lambda = 9^\circ 53{,}2'$, 21^h MEZ $\triangleq 20^h$ MGZ.

$$
\begin{aligned}
\text{Aus dem Nautischen Jahrbuch: } \vartheta_{Gr} &= 350^\circ 11{,}2' \\
\text{Sternwinkel} &= 81^\circ 08{,}5' \\
\lambda &= 9^\circ 53{,}2' \\
\hline
\text{Ortsstundenwinkel } \tau &= 81^\circ 12{,}9' \\
\delta &= +38^\circ 44{,}7'
\end{aligned}
$$

In diesem Falle ist die Rechnung mit dem Rechenstab angebracht, weil nur genäherte Angaben benötigt werden.

$$\sin h = \sin\varphi \cos\delta + \cos\varphi \cos\delta \cos\tau \qquad \text{(Gl. I, Kap. 12)}$$

$$\sin h = \sin 53{,}6^\circ \sin 38{,}7^\circ + \cos 53{,}6^\circ \cos 38{,}7^\circ \cos 81{,}2^\circ$$

$$\sin h = 0{,}503 + 0{,}071 = 0{,}574$$

$$h = 34{,}8^\circ$$

$$\sin a = \frac{\sin\tau \cos\delta}{\cos h} = \frac{\sin 81{,}2 \cos 38{,}7}{\cos 34{,}8} = 0{,}940$$

$$a = 70^\circ \text{ bzw. } 110^\circ$$

Der Wert 110° ist reell, weil $a > \tau$. Der Theodolit muß also um 110° aus der Südrichtung rechts herum gedreht werden. Die Einstellung am Vertikalkreis ist 34,8°.

13.4 Neunte Übung – Beobachtung des Polarsternes

Der Polarstern, auch Nordstern genannt (α ursae minoris Nr. 9), befindet sich als einziger in unmittelbarer Nähe des Himmelspoles, sein Abstand beträgt nur etwa 1° vom Pol ($\delta = 89°$). Er ist damit Ausgangspunkt für die genäherte Bestimmung der Nordrichtung und auch für die grobe Breitenbestimmung, denn die Polhöhe ist gleich der geographischen Breite. Wird also der Polarstern mit dem Theodolit angezielt, so wird am Horizontalkreis die ungefähre Nordrichtung und am Vertikalkreis die genäherte geographische Breite abgelesen.

Dieser polnahe Stern bewegt sich nur sehr langsam und ist leicht aufzufinden; deshalb eignet er sich für die ersten Beobachtungen, zumal keine Rechnung damit verbunden ist, wenn man sich mit den Näherungswerten begnügt.

Beispiel

Ort: Hamburg-Gr. Flottbek. Instrument: Kleintheodolit.
Am 11. 11. 1955 wurden vier Beobachtungen durchgeführt:

Beob-achtung	Kreis	Zeit MEZ	Vertikalkreis	Horizontalkreis	Zeitvergleich mit Zeitzeichen
I	l	$21^h 46^m 45^s$	54,5°	86,75°	22^h MEZ
II	l	$51^m 10^s$	54,5°	86,7°	
III	r	$54^m 08^s$	54,45°	266,6°	$\Delta U = + 1^m 15^s$
IV	r	$22^h 05^m 25^s$	54,45°	266,4°	

Die Mittelwerte aus den zwei Fernrohrlagen sind

II/III $21^h 52^m 39^s$ MEZ $\quad h = 54{,}475° = 54° 28' 30''$

I /IV $21^h 56^m 05^s$ MEZ $\quad h = 54{,}475° = 54° 28' 30''$

Hz.-Kreis 86,65 = 86° 39′ 00″

Hz.-Kreis 86,58 = 86° 34′ 48″

13.4.1 Berechnung der Breite

Die gemittelte Höhe ist beidmalig $h = 54° 28' 30''$, davon muß die mittlere Strahlenbrechung 28″ abgezogen werden. Der verbesserte Wert $h' = 54° 28' 02''$ ist die genäherte Breite. Gegenüber der bekannten Breite ist dieser Wert um rund 1° zu groß.

In der astronomischen Fachliteratur sind Formeln angegeben, die auf Grund von Reihenentwicklungen die genaue Korrektur für die Breite zu berechnen gestatten. Diese Entwicklung würde hier zu weit führen, aber das Nautische Jahrbuch gibt dafür Tabellen, deren Handhabung sehr einfach ist. Zu beachten ist nur, daß in der Tabelle für die erste Berichtigung der Ortsstundenwinkel des Frühlingspunktes benötigt wird, der Sternwinkel also nicht berücksichtigt wird. Die Berechnung des Ortsstundenwinkels des Frühlingspunktes mit dem Jahrbuch führt mit den um ΔU verbesserten Zeiten zu folgenden Werten:

II/III $20^h 53^m 54^s$ MGZ		I/IV $20^h 57^m 20^s$ MGZ 1955 Nov. 11	
Frühlingspkt. 20^h MGZ	: $350° 11{,}2'$	20^h MGZ	: $350° 11{,}2'$
$53^m 54^s$	: $13° 30{,}7'$	$57^m 20^s$	: $14° 22{,}4'$
τ_{Gr} Frühlingspkt.	$363° 41{,}9'$	τ_{Gr} Frühlingspkt.	$364° 33{,}6'$
Länge	$\lambda = +9° 53{,}2'$	Länge	$\lambda = +9° 53{,}2'$
Ortsstundenwinkel des Frühlingspkt.	$373° 35{,}1'$	Ortsstundenwinkel des Frühlingspkt.	$374° 26{,}8'$
	$\triangleq 13° 35{,}1'$		$\triangleq 14° 26{,}8'$

Die aus den drei Berichtigungstabellen gefundenen Korrektionen werden zu der verbesserten Höhe h' zugezählt.

	II/III	I/IV
	$h' = 54° 28' 02''$	$h' = 54° 28' 02''$
1. Berichtigung	$-55{,}0'$	$-55{,}3'$
2. Berichtigung	$+\ 0{,}1'$	$+\ 0{,}1'$
3. Berichtigung	$+\ 00{,}6'$	$+\ 0{,}6'$
	$-54{,}3'$	$-54{,}6'$
	$= -54' 18''$	$= -54' 36''$
$\varphi =$	$53° 33' 44''$	$53° 33' 26''$

Mittel $\varphi = 53° 33' 35''$

13.4.2 Die Nordrichtung

Neben der ungefähren Angabe der Nordrichtung aus der Ablesung des Horizontalkreises kann das genauere Azimut berechnet werden. Dazu eignet sich am besten die Formel

$$\operatorname{tg} a = \frac{\cos\delta \sin\tau}{\sin\varphi \cos\delta \cos\tau - \cos\varphi \sin\delta}$$

weil darin neben den Angaben des Jahrbuches nur die verhältnismäßig genau gemessene Zeit vorkommt. Da für die Beobachtung der Uhrstand mit dem Zeitzeichen bestimmt wurde, ist die Voraussetzung für eine gute Zeitmessung gegeben. Die gemittelten Beobachtungen waren:

II/III		I/IV	
	$21^h 52^m 39^s$ MEZ		$21^h 56^m 05^s$ MEZ
$\Delta U =$	$+\ 1^m 15^s$	$\Delta U =$	$+\ 1^m 15^s$
	$21^h 53^m 54^s$ MEZ		$21^h 57^m 20^s$ MEZ
	$\triangleq 20^h 53^m 54^s$ MGZ		$\triangleq 20^h 57^m 20^s$ MGZ

Daraus können mit Hilfe des Jahrbuchs die Stundenwinkel berechnet werden.

20h:	350° 11,2′	20h:	350° 11,2′	φ =	53° 34′
53m 54s:	13° 30,7′	57m 20s:	14° 22,4′	λ =	9° 53,2′
Sternwinkel:	331° 47,9′	Sternwinkel:	331° 47,9′	δ =	89° 03,8′
τ_{Gr}	695° 29,8′		696° 21,5′		
λ	9° 53,2′		9° 53,2′		
	705° 23,0′		706° 14,7′		
	— 360°		— 360°		
	345° 23,0′ —		346° 14,7′ —		
Süden:	360°	Süden:	360°		
τ =	14° 37,0′ östl.	τ =	13° 45,3′ östl.		

$\cos\delta$	8·21344	$\cos\delta$	8·21344	$\cos\delta$	8·21344	$\cos\delta$	8·21344
$\sin\tau$	9·40200	$\cos\tau$	9·98571	$\sin\tau$	9·37616	$\cos\tau$	9·98736
		$\sin\varphi$	9·90555			$\sin\varphi$	9·90555
Z	7·61544			Z	7·58960		
N	9·76424 →	0,01272	8·10470	N	9·76420 —	0,01277	8·10635
						— 0,59380	
$\operatorname{tg} a$	7·85120			$\operatorname{tg} a$	7·82540	N = — 0,58103	

$a = -24'24''$

$\sin\delta$	9·99994
$\cos\varphi$	9·77370
— 0,59380	9·77364
+ 0,01272	
N = — 0,58108	

$a = -23'00''$

Da der Polarstern östlich vom Meridian stand, wurde der Theodolit um den Winkel a zu weit nach Osten gedreht. Um die Nordrichtung zu erhalten, muß also das Azimut von der Horizontalkreisablesung abgezogen werden.

Horizontalkreisablesung:

II/III	86° 39′ 00″	I/IV	86° 34′ 48″
	— 24′ 24″		— 23′ 00″
	86° 14′ 36″		86° 11′ 48″
	Mittel	86° 13′ 12″	

Bei der Kreisablesung 86° 13′ 12″ ist das Fernrohr nach geographisch Nord gerichtet. Wenn auch ein Erdziel anvisiert wird, kann die Nordrichtung für spätere Messungen festgehalten werden.

13.5 Breitenbestimmung durch Beobachtung der Kulmination von Fixsternen

Breitenbestimmungen werden am besten in der Kulmination durchgeführt, wie bereits auf Seite 68 für die Sonne erläutert wurde. Da Sterne auch in der unteren Kulmination beobachtet werden können, lassen sich die Formeln für die Breitenberechnung noch erweitern. Abbildung 53 zeigt die Zusammenhänge.

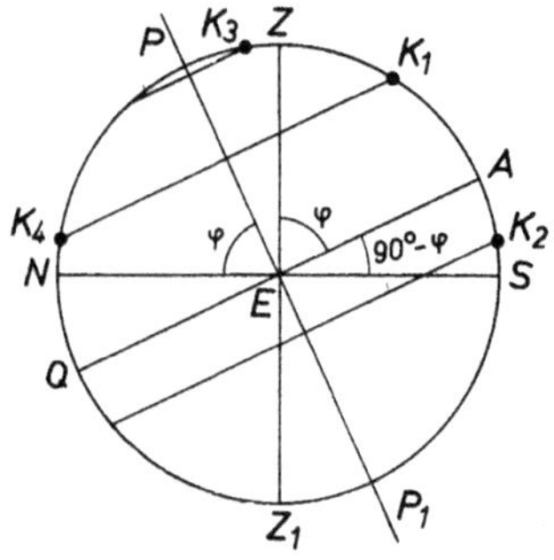

Abb. 53

Wenn man jeweils die Verbindung EK zieht, können die Winkel h und δ ergänzt werden.

K_1: obere Kulmination, südlich des Zenits

$$90 - \varphi + \delta + 90 - h = 90^\circ \quad (\sphericalangle \mathrm{ZES})$$
$$\underline{\varphi = 90^\circ + \delta - h}$$

K_2: Deklination ist negativ

$$\varphi - \delta + h = 90^\circ \quad (\sphericalangle \mathrm{ZES})$$
$$\underline{\varphi = 90^\circ + \delta - h}$$

K_3: obere Kulmination, nördlich des Zenits

$$h + \delta + 90^\circ - \varphi = 180^\circ \quad (\sphericalangle \mathrm{NES})$$
$$\underline{\varphi = \delta + h - 90^\circ}$$

K_4: untere Kulmination

$$\delta - h + \varphi = 90^\circ \quad (\sphericalangle \mathrm{QEP})$$
$$\underline{\varphi = 90^\circ + h - \delta}$$

Wenn der Höhenwinkel nach einem Gestirn zur Zeit der Kulmination gemessen wird, läßt sich die Breite stets auf einfachste Weise berechnen. Die Zeit der Kulmination kann mit den Angaben des Jahrbuches gefunden werden, sie braucht nicht einmal sehr genau bestimmt zu sein. Wie bei den Sonnenbeobachtungen kann der Stern zur fraglichen Zeit verfolgt werden, bis der Höhenwinkel nicht mehr größer wird und auf dem Horizontalfaden des Strichkreuzes wandert. Man kann auch mehrere Beobachtungen in beiden Fernrohrlagen durchführen und die Sternenbahn graphisch auswerten (vgl. Abb. 50). Im folgenden Beispiel (10. Übung) wurde die Zeit der Kulmination vorausberechnet, die Uhr nach dem Zeitzeichen gestellt und zur Zeit der Kulmination der Stern kurz hintereinander in beiden Fernrohrlagen beobachtet, um den Höhenwinkel möglichst frei von Instrumentalfehlern zu erhalten.

13.5.1 Zehnte Übung — Breitenbestimmung mit Fixstern Wega (α lyrae Nr. 69)

Beobachtungsort: Hamburg-Gr. Flottbek; Instrument: ARISTO-Kleintheodolit; Tag: 12. 7. 1955; Beobachtung in der oberen Kulmination.

Vorausberechnung der oberen Kulmination

Greenwicher Stundenwinkel des Frühlingspunktes	349° 16,8′	= 4^h	MGZ (Jahrbuch)
	4° 19,3′	= 5^h	MGZ
Schalttafel (Rest bis 360° für $\tau_r = 0$)	10° 43,2′	= $42^m 46^s$	MGZ
Kulmination des Frühlingspunktes in Greenwich		$4^h 42^m 46^s$	MGZ

Zur gleichen Zeit hat der Frühlingspunkt in Hamburg den Stundenwinkel $\lambda = 9^\circ 53{,}2'$

Der Stundenwinkel von Wega ist um den Sternwinkel größer $+ 81^\circ 07{,}9'$

$\tau = 91^\circ 01{,}1'$

Um festzustellen, wie lange Zeit vorher Wega durch den Meridian geht, wird der Stundenwinkel durch 15 dividiert und der Restwert mit der Schalttafel umgerechnet. Wega kulminiert $6^h 04^m 04^s$ früher, also bereits am Vortage, dem 11. 7. 1955. Da die Kulmination am 12. 7. 1955 gesucht ist, muß die Rechnung, vom 13. 7. 1955 ausgehend, wiederholt werden:

Kulmination des Frühlingspunktes am 13. 7. 1955	$4^h 38^m 50^s$ MGZ	
Kulmination Wega liegt früher um	$6^h 04^m 04^s$ MGZ	
Kulmination Wega am 12. 7. 1955	$22^h 34^m 46^s$ MGZ	$= 23^h 34^m 46^s$ MEZ

Da die Zeit der Kulmination nur ungefähr bekannt sein muß, kann der Unterschied zwischen Sternzeit und mittlerer Zeit vernachlässigt werden. In der vorausberechneten Zeit wurde Wega in zwei Fernrohrlagen kurz nacheinander beobachtet.

Die Höhenwinkel waren $h = 75{,}05^\circ$ $\qquad \varphi = 90^\circ + \delta - h$

$h = 75{,}3^\circ$

Mittel $h = 75{,}175 = 75^\circ 10' 30''$

Mittlere Strahlenbrechung $-15''$

$$\begin{array}{ll} \delta = 38^\circ 44' 36'' & h' = 75^\circ 10' 15'' \\ +90^\circ & 90^\circ + \delta = 128^\circ 44' 36'' \\ \hline 90 + \delta = 128^\circ 44' 36'' & \varphi = 53^\circ 34' 21'' \end{array}$$

Bei einer derartigen Messung geht der Fehler der Höhenmessung voll in das Ergebnis ein. Das an sich gute Ergebnis könnte noch verbessert werden, wenn zwei oder mehrere Sternpaare in ihrer Kulmination beobachtet werden, und zwar abwechselnd nördlich und südlich des Zenits. Nach den Formeln der Seite 84 wird dann:

$\varphi = 90 - h_1 + \delta_1$ Stern südlich des Zenits (K 1)

$\varphi = -90 + h_2 + \delta_2$ Stern nördlich des Zenits (K 3)

$$\varphi = \frac{h_2 - h_1}{2} + \frac{\delta_1 + \delta_2}{2}$$

Bei Beobachtung von Sternpaaren geht also nur die halbe Differenz der Höhen in die Rechnung ein, die Werte für die Deklination sind immer genau genug. Gelingt es, Sterne zu finden, für die nahezu $h_1 = h_2$ ist, so wird der Fehler am kleinsten.

13.6 Elfte Übung – Zeitbestimmung mit Fixstern Capella

Im bereits bekannten Beobachtungsort Hamburg-Gr. Flottbek wurde der Stern Capella (im Nautischen Jahrbuch Nr. 18) am 31. 10. 1955 zweimal in zwei Fernrohrlagen beobachtet. Die Mittelwerte sind:

Instrument: ARISTO-Kleintheodolit

Beobachtung	Zeit in MEZ	h
I	$23^h\,39^m\,43^s$	58,05°
II	$23^h\,47^m\,16^s$	59,10°

Da für die Zeitbestimmung der Stundenwinkel τ berechnet werden muß, wird die Formel A der Seite 67 angewandt.

$$\text{A} \qquad \cos\tau = \frac{\sin h}{\cos\varphi \cdot \cos\delta} - \operatorname{tg}\varphi \cdot \operatorname{tg}\delta$$

Beobachtung I

Um $22^h\,39^m\,43^s$ MGZ wurde Capella unter dem Höhenwinkel $h' = 58°\,02'\,30''$ beobachtet (Korrektur für Strahlenbrechung bereits berücksichtigt); mit $\varphi = 53°\,34'\,02''$ und $\delta = 45°\,57'\,18''$ (aus dem Jahrbuch) wird gerechnet:

$\sin h'$	9 · 92862
$1/\cos\varphi$	0 · 22632
$1/\cos\delta$	0 · 15788
2,0550	0 · 31282
– 1,4007	
0,6543	9 · 81578

$\operatorname{tg}\varphi$	0 · 13188
$\operatorname{tg}\delta$	0 · 01448
1,4007	0 · 14636

$\tau = 49°\,08'\,00''$ östlich

Beobachtung II

Um $22^h\,47^m\,16^s$ MGZ war $h' = 59°\,05'\,25''$

$\sin h'$	9 · 93347
$1/\cos\varphi$	0 · 22632
$1/\cos\delta$	0 · 15788
2,0781	0 · 31767
1,4007	
0,6774	9 · 83085

$\operatorname{tg}\delta \cdot \operatorname{tg}\varphi$ ist unverändert 1,4007

$\tau = 47°\,21'\,30''$ östlich

Die Umrechnung der Stundenwinkel in MEZ gibt die zur Beobachtung gehörige Sollzeit, sie wird durch die Umkehrung des auf Seite 79 angegebenen Weges zur Berechnung des Stundenwinkels erhalten.

	Beobachtung I	Beobachtung II
	$\tau_0 = 49^\circ 08{,}0'$ östlich	$\tau_0 = 47^\circ 21{,}5'$ östlich
	360°	360°
	$310^\circ 52{,}0'$	$312^\circ 38{,}5'$
	$\lambda = -9^\circ 53{,}2'$	$-9^\circ 53{,}2'$
	$\tau_{Gr} = 300^\circ 58{,}8'$	$302^\circ 45{,}3'$
Sternwinkel	$= 281^\circ 38{,}0'$	$281^\circ 38{,}0'$
	$19^\circ 20{,}8'$	$21^\circ 07{,}3'$
Gr. StW. des Frühlingspunktes für 22^h	$9^\circ 25{,}6'$	$9^\circ 25{,}6'$
	$9^\circ 55{,}2'$	$11^\circ 41{,}7'$
Restzeit aus Schalttafel	$39^m 34^s$	$46^m 39^s$
Sollzeit	$22^h 39^m 34^s$	$22^h 46^m 39^s$
beobachtet	$22^h 39^m 43^s$	$22^h 47^m 16^s$
	$\Delta U \quad -9^s$	$\Delta U \quad -37^s$

Mittel $\Delta U = -23^s$

13.6.1 Zeitbestimmung mittels Dioptertheodolit

Nach der gleichen Methode wurde am 11. 11. 1955 eine Zeitbestimmung mit einem Dioptertheodolit durchgeführt und diesmal die Uhr mit dem Zeitzeichen verglichen. Der Stern Capella ist sehr lichtstark, so daß die Einstellung mit dem Diopter gut möglich ist. Allerdings ist die Zielung mit der Spitze für die Messung des Höhenwinkels ungenauer als die Fernrohrzielung.

Die Mittelwerte der Beobachtungen mit dem Dioptertheodolit waren:

Beobachtung	Zeit in MEZ	h
I	$22^h 52^m 17^s$	$58{,}10^\circ$
II	$23^h 03^m 00^s$	$59{,}30^\circ$

Zeitvergleich: $\Delta U = +1^m 18^s$

Die nach dem gleichen Schema durchgeführte Rechnung ergibt die folgenden Ergebnisse: Die Stundenwinkel haben die Werte

I: $\tau = 49^\circ 03{,}2'$ II: $\tau = 47^\circ 01{,}3'$

Die Umrechnung dieses Stundenwinkels in MEZ führt zu den Sollzeiten

I	II
$22^h 56^m 39^s$	$23^h 04^m 45^s$
$22^h 52^m 17^s$ beobachtet	$23^h 03^m 00^s$ beobachtet
$\Delta U = + \; 4^m 22^s$	$\Delta U = + \; 1^m 45^s$

Der Zeitvergleich hatte $\Delta U = + 1^m 18^s$ ergeben; man ersieht daraus, daß die zweite Messung gut ausgefallen ist, die erste dagegen auf Grund der unsicheren Höhenmessung um etwa 3^m abweicht.

13.7 Genauigkeit der astronomischen Beobachtungen

Bei allen astronomischen Beobachtungen wurde absichtlich stets der gleiche Standpunkt gewählt, um eine Möglichkeit zum Vergleichen der verschiedenen Messungsergebnisse zu erhalten. Die Breitenbestimmungen geben ein Kriterium für die Genauigkeit der Messungen, weil die Fehler der Höhenwinkelmessungen voll in das Ergebnis eingehen.

Die Mittelwerte jeder Beobachtungsart haben folgende Werte für die geographische Breite ergeben:

Sonne (graphische Auswertung)	$\varphi = 53° 35' 54''$
Sonne in Meridiannähe	$35' 42''$
Sonne mit großem Stundenwinkel	$33' 04''$
Polarstern	$33' 35''$
Wega	$34' 21''$
Gesamtmittel	$53° 34' 31''$
Sollwert	$53° 34' 02''$
Differenz	$29''$

Das Gesamtmittel weicht demnach um $29''$ und die schlechteste Breitenbestimmung um $1' 52''$ vom Sollwert ab. Die Übereinstimmung der Messungsergebnisse ist erstaunlich, wenn man bedenkt, daß die Winkel nur auf $0{,}1° = 6'$ abgelesen werden. Die Beobachtung in zwei Fernrohrlagen und die Mittelbildung aus den zahlreichen Beobachtungen sind als Ursache dieser guten Ergebnisse zu werten.

Unter Berücksichtigung der Erdgröße bedeutet diese Angabe, daß die Lage eines Beobachtungsortes auf der Erde mit einem Schultheodolit auf 1 bis 3 km genau bestimmt werden kann.

Schrifttum

Nautisches Jahrbuch für das Jahr 1955.
Jordan-Eggert, Handbuch der Vermessungskunde, Bd. 2 und 3, 1948.
Graff, Grundriß der geographischen Ortsbestimmung, 1944.
F. C. Gauß, Fünfstellige vollständige logarithmische und trigonometrische Tafeln.
v. Hanxleden-Hentze, Mathematik für höhere Lehranstalten, Oberstufe Geometrie, 1953
Lehrstab C der Artillerieschule Jüterbog,
Zusammenstellung der wichtigsten Methoden für die Orts- und Azimutbestimmung.
Wittke, Geodätische Briefe, 1953.
Volquardts, Feldmessen I und II, 1954.
Werkmeister, Vermessungskunde, 1942.